選股戰略

ONE UP ON WALL STREET

彼得・林區、約翰・羅斯查得　著
張立　譯

林序

中華投信公司總經理　林一銘

股票市場是國人最重要的投資市場，而選股策略則是投資人最重要的投資判斷，在法人機構的影響逐漸擴大之際，投資人對市場結構、特性的認知也必須一改過去隨主力、明牌起舞的模式。但是，資訊、專業知識有限的一般投資人如何選擇潛力無窮的個股、並掌握最佳買賣時機、相較於學有專精、資訊豐富的基金經理人或證券分析師，無疑更為困難。

但彼得・林區推翻了這樣的定論。這位全美國第一名的基金經理人以其二十餘年的專業投資經驗指出，一般投資人因職業與興趣使然，或因個人的日常觀察，投資決策得以更接近上市公司的營運狀況，也就是說，更能掌握公司營運的蛛絲馬跡。如果能掌握這樣的訊息，進而深入追蹤，就能做出更好的投資判斷。例如，如果投資人因工作或興趣與石化工業相關，了解上下游產業，並對營運趨勢有相當把握，進一步將研究標的深入至上市公司之基本面，據此選擇個股，再因應時機進出，獲利機率大增。

林區同時建議投資人在投資股票前面對三個問題：我有房子嗎？我缺錢嗎？我的個性能讓我在股市成功嗎？他認為，投資任何股票之前，應該先考慮買房子，畢竟房子是每個人都能做的一項好投資。至少，在買下房子後，你的不動產經紀人不會在半夜打電話宣布：「你必須在明天上午十一點之前送兩萬元過來，否則就得賣掉兩間臥室。」其次，買股票前應先看看預算，只投資賠得起的錢。而個性是最重要的，林區說，投資人的個性清單上該列出：耐性、自信、常識、忍受痛苦的能力、開闊的心胸、持久力、彈性、客觀、謙遜、做研究的意願、承認錯誤的意願，以及對普遍性慌亂處之泰然的能力等。

在本書中，林區教導讀者如何潛近十壘安打—也就是挑選獲得十倍報酬率的個股、判斷個股屬性並提出相對策略、了解公司的營運事實、避開惡化經營的公司、提防耳語股票、由本益比的合理性與否選股……，臚列了實際有效的原則與指標，對投資人的助益直接有效，長此以往，對投資市場的結構必有正面影響。

戴序

錢雜誌社長　戴禮中

彼得・林區這位富達麥哲倫基金的掌盤人，為投資人在十年間創造了將近十三倍的獲利，在開出個人專業投資生涯的漲停板後急流勇退，開始寫書，令人想不到的是，林區操作成功所依賴的，不是什麼艱深複雜的投資系統，而是生活和工作上的一些顯而易見的觀察。

林區發現他太太穿的是蕾格斯牌(Legg's)的褲襪，於是買入該產品的製造商漢斯公司(Hanes)的股票；他聽到任職於假日飯店(Holiday Inn)的副總裁推崇其競爭對手拉昆塔汽車旅館(La. Quinta Motor Inns)，因此買入該股票；購買塔可鐘(Taco Bell)（墨西哥速食店）是在一次前往加州的旅途中，他愛上了該店特殊風味的食物……這種簡易以「常識」代替「專業」的選股方式，為他獲取十倍以上的利益。

有經驗的投資人都知道，做投資股票時，納入了一個不該納入的因素與忽略了一個應納入而未納入的因素所造成的錯誤是一樣地致命，彼得的投資原則之所以可以奏效，就是因為簡單而切中要害。全書他以清晰的理念、輕鬆的說白，引領讀者進入他過去專業投資的決策情境中。林區指出，選擇一支好股票，當然要比選擇一份好的比薩要多些考慮，但他堅信「喜歡該公司的產品」是投資該公司的第一步──這一點是「業餘」可以戰勝「專業」的優勢，却被大部份投資人所忽略。

本書中，林區生動地述說了許多獲取鉅額利益的交易案例。並對個股研究，財務分析提出獨到的看法。他將股票歸為「緩慢成長股、穩定成長股、循環股、快速成長股、起死回生股、資產股」等六大類型，針對其特質分別提出買進及賣出的觀察重點，林區更進一步運用這些特點教投資人如何設計一個自己專屬的投資組合。

國內股票市場近十年來的快速發展，結構漸臻成熟，成交金額由七十六年的九十二億元的日均值，擴增為八十六年的約一千五佰億元；台股被納入摩根指數更是一項重要的里程碑，認購權證的發行，增加了市場避險的工具，台灣的股票市場已經成為重要國際投資機構不敢缺席的競技場，因此散戶必須認清這個轉變，過去那種齊漲齊跌，只要買就賺的機會已經不再，一套適合自己的選股原則以及操作策略是必需的，此時我們翻譯了這本簡易而蘊藏豐富的投資經典，期能給讀者一些啟發，在未來的投資活動中帶來樂趣並且獲利。

有關彼得・林區、本書和基金經理人……（按姓氏筆劃排序）

對股市的漲跌，我們難以掌握，但善用我們的知識，選擇有成長潛力的個股，長期持有而獲取滿意的報酬，是每個人都可以得到的。

——何文賢　光華鴻運基金經理人

期許自我的投資績效一如彼得・林區，但不要有和林區一樣的遺憾（編按：林區曾在辭去麥哲倫基金經理人職務後表示，一生最大的遺憾在錯失了陪伴女兒成長的時機）

——官大宣　富邦富邦基金經理人

彼得・林區對於投資前的觀察與常識判斷，在日常生活中雖然隨處可得，但面臨決策時，仍有「知易行難」之虞。

——侯明甫　怡富台灣增長基金經理人

「基本面」的掌握是投資致勝的不二法門，唯有掌握基本面，才能認清股票的價值才不致在茫茫股海中迷失方向。

——馬傳忠　建弘福元基金經理人

綜觀此書，可知彼得・林區皆靠「勤奮」及「常識」兩大選股法寶縱橫股市！

——陳欽源　中華台灣基金經理人

基金經理人的角色是個資產管理者，應忠實地完成自我的工作。

——黃慶和　元富金滿意基金經理人

值得奉為圭臬的聖經。

——陽正光　建弘萬得福基金經理人

彼得·林區是位傳奇人物，也是投資界公認典範，他豐富的投資觀念與經驗，除帶給人們明確的理財方向外，更提示投資應有的人生態度與價值判斷，本書仍融入林區的精深學養，是在艱澀生硬的學院式投資學教本之外，提供學習投資的另一空間。

——葉清海　統一證券投資信託公司副總經理

大師退休後第一本著作，融數十年經驗心得於一爐，化繁為簡，平凡中見深意。

——蔡培珍　元富元富基金經理人

彼得·林區能在日常生活中隨時抓住投資機會，我想，投資對他而言，可能不是項工作，而是生活樂趣的一部份。

——趙冠宇　國際國民基金經理人

目錄

前言　來自愛爾蘭的註記

最近談到股票市場，你不能不分析一九八七年十月十六到二十日發生的事，那是我曾遇過最不尋常的經歷之一。一年多以後，以平靜的心情回顧那個星期，我終於能開始分辨情緒性的叫囂，與影響深遠的意外事件了。值得牢記的事情，我謹記如下：

——十月十六日，星期五，我太太凱洛琳和我在愛爾蘭的科克郡（County Cork）愉快的兜了一天風。我絕少度假，因此出去旅行本身已經是非常不尋常的一件事。

——我甚至沒有到任何一家上市公司的總部去造訪。通常我會繞道一百哩，以便取得最新的銷售、存貨、盈餘等等資料，但這回在我們方圓兩百五十哩以內，完全找不到一份S&P報告或一份資產負債表。

——我們前往布拉尼（Blarney）城堡，聞名的布拉尼神石很不協調地被安置在離地數層樓高的建築頂端矮牆內，你必須躺下來，扭曲身體好鑽過鐵柵欄，然後抓住一根圍欄做為精神支柱，冒著掉下去的危險，親吻那塊神石。親吻布拉尼神石果真如傳聞所說那樣讓人興奮——尤其是能活著回來。

——我們以打高爾夫球的方式度過一個平靜的週末，讓自己從布拉尼神石的興奮中平靜下來，週六我們在瓦特村（Waterville）打球，週日到杜克斯（Dooks）。我們一路沿著美麗的凱莉環道（Ring of Kerry）公路開車。

——十月十九日，星期一，我面臨極大的挑戰，必須運用我所有的智慧與精力才能應付——我們在全世界最困難的高爾夫球場之一，基樂尼郡（Killarney）的基林（Killeen）球場上打十八洞高爾夫。

——把球棍收進汽車，我和凱洛琳一起離開峽谷半島（Dingle），開車到海邊，當晚住在西里格旅館（Sceilig Hotel）。我一定是累了，整個下午我都沒有離開旅館房間。

——當晚我們和朋友，伊莉莎白和彼德．凱樂里（Elizabeth and Peter Callery）夫婦在一家知名的海鮮餐廳——道爾餐廳（Doyle's）共進晚餐，第二天，即二十日，我們飛返美國。

小小的不快

當然，我跳過了一些小小的不快之事。事後看來，這些事情幾乎不足掛齒。一年之後，你應該會記得梵蒂岡教皇的禮拜堂，不會想到踏遍梵蒂岡後，腳上所起的水泡。不過，為了開誠佈公，我告訴你當時困擾我的事：

——星期四，我們下班後飛往愛爾蘭，當日，道瓊工業指數下挫四十八點，星期五，我們抵達愛爾蘭，當日，道瓊工業指數重挫一〇八．三六點，這讓我考慮我們是否根本就該取消假期。

——即使在親吻布拉尼神石時，我心裏想的還是道瓊指數而非神石。週末，在打高爾夫球時，我趁著空檔打了幾個電話回辦公室，指示哪些股票該賣，哪些股票的價錢再跌時就要趁機買進。

——星期一，我在基林球場打球，道瓊工業指數再重挫五〇八點。

感謝時差，我打完球幾個小時後，華爾街才開盤，否則我大概會打得更糟。就這樣，一種鬱卒和被詛咒的氣氛自星期五便彌漫開來，這或許可以說明㈠雖然我的球技平常已經夠差了，但那天的表現比平常更差。㈡我已記不得當天的分數。當天引起我注意的數字是，投資麥哲倫基金的一百萬位股東在週一的崩盤跌勢中資產縮水十八%，折合二十億美元。

我一心記掛這件災禍，完全忽視前往小峽谷的沿途景致。在那裡開車和置身紐約第四十二街和百老匯沒什麼兩樣。

我在西里格旅館那個下午根本沒有闔眼，忙著和我的辦公室講電話，決定我們的一千五百種股票有哪些該賣出，以換取現金應付龐大的贖回賣壓。我們的現金足夠應付正常狀況，但十月十九日星期一那種情況我們可應付不了。有一瞬間我無法確定世界是否已到末日，或者我們遇到大蕭條了，或者情況並沒有那麼糟，不過是華爾街要關門大吉而已。

我的同事和我賣掉必須賣的，首先我們拋售了一部分倫敦市場的英國股票，星期一早上，倫敦的股價一般說來比美國市場上的價錢高一些，感謝罕見的暴風雨迫使英國證券交易市場在前一個星期五休市，因而避免了當日的大跌。我們隨即在紐約股市賣股票，大部分股票是在開盤不久後賣出，當時道瓊指數只跌了一五○點，緊接著道瓊一瀉千里般地狂跌五○八點。

當晚在道爾餐廳，我無法告訴你我吃了哪些海鮮，當你所管理的共同基金虧損的資產規模相當於一個小島國的國民生產毛額（GNP）時，想分辨鱈魚和蝦根本是不可能的。

我們在二十日回家，因為上述種種事件讓我急欲回到辦公室，事實上，從我們抵達歐洲那天起，我便隨時準備回去。坦白說，我被這些不快纏得透不過氣。

十月的教訓

我一直相信投資人應該忽視股市的漲漲跌跌，所幸絕大部分的人對上述騷亂不甚在意，如果這能當一個例子的話，麥哲倫的一百萬位股東，只有不到百分之三的人在那個緊急時刻離開，轉進貨幣市場基金。在緊急時刻拋售，你往往賣到低點。

十月十九日即使讓你對股市大感緊張，你還是不必在當天拋售——甚至不應該在第二天脫手。你可以逐步減少你的股票投資組合，走在驚慌的拋售者之前，因為股市自十二月起便穩定回升了。到了一九八八年六月，股市回升了四百點，反彈幅度超過百分之二十三。

我們從十月經驗中應該得到許多教訓，我在此再加三項：㈠別讓外在利空因素擾亂了最佳的投資組合；㈡別讓不必要的干擾事件破壞了好假期；㈢現金不夠時，千萬別出國。

或許我可以花幾章的篇幅來談更多的教訓，但我想還是別浪費你的時間。我寧可寫些讓你覺得更有價值的東西：如何辨識好公司。不論一天跌五〇八點或一〇八點，好公司最後總還是會成功，而平庸的公司會失敗，投資人的獲利則會因為投資不同企業而有所差異。

等我想起我在道爾餐廳吃了什麼，我會讓你知道的。

開場白　笨錢快賺

本書作者——一個專業投資人——在此向讀者保證，以下的數百頁篇幅中，他將與大家分享他的成功秘訣。但是書中要強調的第一條規則是：別再聽專家的意見！在這個行業中二十年，我深深相信任何一個尋常人，只要動用百分之三的常用腦力，就能和華爾街上一般的專家在挑選股票上有一樣好、甚至更好的表現。

我知道你不會希望整容醫師指點你自己動手做拉皮手術，也不願意水電工告訴你如何裝設自己的熱水管，也不要美髮師建議你如何剪自己的瀏海，但我們要談的，不是拉皮手術，也不是裝水管或剪頭髮。我們要談投資，在這裡，聰明的錢未必一定聰明，笨錢也未必如想像的那麼笨。笨錢只有在跟了聰明錢之後才變笨。

事實上，業餘投資人有無數潛在的優勢，把這些發揮出來，便能比專家及整個股市的平均表現還要出色。更甚者，當你挑自己的股票時，應該比專家表現更好，否則何必多此一舉。

我不打算走火入魔，勸你賣掉你的共同基金（Mutual Fund），如果人家開始這麼做，我可要丟差事了。再說，共同基金沒什麼不對，尤其是那些讓投資人賺錢的共同基金，為了坦誠而不吹噓，我要向讀者報告，數以百萬計的業餘投資人已經由投資麥哲倫基金而大大獲利，這是我應邀寫這本書的首要理由。對那些既沒時間也沒興趣在股市測試自己智力的人而言，共同基金真是一項絕妙的發明，對那些只做小額投資，又希望分散投資風險的人而言也是好消息。

當你決定自己做投資時，最好能單獨行動，也就是說，別管種種熱門情報，或者證券經紀公司的推薦名單，或者你最喜歡的刊物上建議的「錯不了」名單，你必須自己做研究。也就是說，你應該別管彼得．林區或其他類似的權威者告訴你該買什麼。

至少有三大理由要你別理會彼得．林區的推薦：㈠他可能是錯的！（我自己的投資組合上有一長串失敗者，提醒我所謂的聰明錢有四成時間顯得特別笨。）㈡就算他是對的，你永遠不會知道他何時會改變心意，而把股票賣掉；㈢在你身邊就有許多更好的情報來源。如果你保持消息靈通的敏感度，就會在投資目標上有好成績，而我一向對身邊的情報或事物保持高度敏感程度。

只要稍稍警覺，你便能遠遠搶在華爾街之前，從你工作的地方或附近的購物中心挑出特別出色的股票。一個帶著信用卡的消費者，絕不可能從來沒有對數十家公司做過基本分析——而如果你在某個行業工作，那就更好了。你可以輕易在周圍找到十壘安打的搖錢樹。我在富達投資公司（Fidelity）工作時，一次又一次見到這樣的事。

美妙的十壘安打

在華爾街的俚語中，「十壘安打」是指投資報酬率達到十倍的股票。我懷疑這個高度技術專有名詞是從棒球賽借來的，而在棒球賽中，最棒的全壘打也不過是四壘安打，在我的工作中，四壘安打固然不錯，但十壘安打可說是相當於兩個全壘打加一個二壘安打，因此如果你有一個十壘安打的股票，就知道有多麼吸引人了。

策略A　投資組合

	買入價(美金)	賣出價(美金)	漲幅%
伯利恆鋼鐵	$25 1/8	$23 1/8	− 8.0%
可口可樂	32 3/4	52 1/2	+60.3%
通用汽車	46 7/8	74 3/8	+58.7%
葛瑞斯化學公司	53 7/8	48 3/4	− 9.5%
家樂氏穀類食品公司	18 3/8	29 7/8	+62.6%
漢諾瓦製造公司	33	39 1/8	+18.5%
莫克公司	80	98 1/8	+22.7%
歐文康寧	26 7/8	35 3/4	+33.0%
費波道奇(克萊斯勒子公司)	39 5/8	24 1/4	−38.8%
雪朗博格(經股票分割調整)	81 7/8	51 3/4	−36.8%
			合計+162.7%

策略B

將上述全部加總

Stop & Shop	$6	$60	+900.0%

我在展開我的投資生涯後，很快便熱中於賺十倍錢的投資，我買的第一種股票是飛虎航空公司(Flying Tiger Airlines)，結果這種股票翻了無數翻，足供我唸完研究所。過去十年來，偶爾出現的五到十壘安打，以及稀有的二十壘安打，讓我的基金遙遙領先羣雄——我擁有一千四百種股票。在較小的投資組合中，只要有一個出色股票，就能轉虧為盈，如此神力讓人驚嘆。

在股市疲軟時，效果尤其顯著——不錯，疲軟股市也有十壘安打。讓我們回到一九八〇年，大多頭行情來臨前的兩年，假如你在一九八〇年十二月二十二日投資一萬美元到策略A所列十種股票中，並持有到一九八三年十月四日。策略B大致如策略A，但你多加了一種股票，史達普零售連鎖(Stop & Shop)，結果這是一個十壘安打（如附表）。

策略A的結果是，你的一萬元會漲成一萬三千零四十元，將近三年獲利達三〇．四%（S&P五〇〇指數在同一時期總報酬率是四〇．六%）。你自然有權看看這個數字說：「差別大了，我真該把投資的事交給專家。」但如果你買了史達普股票，你的一萬元便會漲一倍以上，變成兩萬一千零六十元，報酬率一一〇．六%，還可以在華爾街大聲吹噓。

如果你投資史達普的比率，隨該公司的營運前景而向上調整，你的總獲利甚至可以再高上一倍。

這項成績若要成真，你只需在十一家股票中找到一個大贏家即可。你對某種股票愈有把握，愈顯得你在其他股票上的投資是錯誤的，但即使如此，你這個投資人還是勝利的。

蘋果和甜甜圈

你可能會以為十壘安打只會發生在某些奇怪公司的抓狂式小股票上，也就是理性的投資人會避開的股票類型。事實上，有很多十壘安打都發生在你知道的公司股票上，比方當肯甜甜圈(Dunkin' Donuts)、渥瑪超市(Wal-Mart)、玩具反斗城、史達普零售，以及速霸陸汽車等。這些公司的產品，都是你喜歡並正在享用的，但誰會想到你買速霸陸汽車之外，如果還買速霸陸股票，今天會變成百萬富翁？

這是事實，這個說法是根據幾項假設計算出來的：首先，你如果在一九七七年以兩元一股的低價買進股票，在一九八六年的高價賣出，亦即每股賣價三一二元，未計八對一的分析（註）。這是個一百五十六壘安打，相當於三十九個全壘打，如果你投資六，四一〇元在這種股票上（相當於一部汽車的價錢），結果正好拿回一百萬元。這筆錢如果當初你用來買車，你現在擁有的是一部折舊的老車；而買了股票，你會有足夠的錢買下一幢別墅，外加一、兩部積架跑車。

你也能把花在買甜甜圈上的錢拿來投資在當肯甜甜圈的股票上，雖然賺不了一百萬元。一個人能吃多少甜甜圈？如果算你在一九八二年一年裏，你每星期買兩打甜甜圈（總值二七〇元），這筆錢用來買股票，四年之後，你的股票會值一，五三九元（六壘安打）。投資一萬元在當肯甜甜圈，四年下來會得到四萬七千元。

一九七六年在蓋普服飾公司（The Gap）買十條牛仔褲，花了一百八十元，這些牛仔褲現在大概都穿壞了，但同一筆錢買進十股蓋普股票（該公司的初次募股股價正是十八元），在一九八七年的股市上，已漲到四，六七二．五元，一萬元的投資會得到二十五萬元。

如果一九七三年間，你曾在拉昆塔汽車旅館（La Quinta Motor Inns）住過三十一晚（每晚宿費十一．九八元），共三七一．三八元，用同樣金額的錢買拉昆塔的股票（二三．二一股），你的股票十年後會值四，三六三．〇八元。一萬元的投資會變成十萬零七千元。

如果在一九六九年，你發現自己必須付九百八十元的傳統葬儀費用給國際服務企業（Service Corporation International），而在為逝者哀悼之餘，你買了該公司的股票，九八〇元買七〇股，到了一九八七年，這筆錢會變成一四，三五二・一九元。投資一萬元，結果會變成十三萬七千元。

如果在一九八二年，你花兩千元購買蘋果電腦給你的孩子去上大學使用時，另花兩千元買蘋果的股票，到了一九八七年，那些蘋果的股票會漲成一一，九五〇元，夠付一年大學學雜費及生活費。

常識的力量

要有上述投資報酬率，你必須在正確的時機買進賣出，但即使錯過最高點和最低點，你投資在以上所提到這些熟悉的公司上，都比投資一些你我都不了解的神秘企業要有收穫。

有一個新英格蘭救火員的故事：一九五〇年代，他注意到當地的Tam Brands

工廠（當時名為Tampax衛生棉）正迅速擴張，他想，如果不是賺大錢，該公司不可能大肆擴張，於是他的家人投資了兩千元買該公司股票。到了一九七二年，那位救火員成了百萬富翁——他甚至沒有買一輛速霸陸汽車。

這位幸運的投資人有沒有向股票經紀人或其他專家尋求忠告，這點我不清楚，如果有，專家們一定會告訴他別胡思亂想，並勸他買證券商自己投資的績優股，或者熱門的電子資訊股。這位救火員能堅守己見，真是明智。

你可能會以為專家們在股市行情電腦上得到的複雜而高深的情報，才能給我們最好的投資指點，但我自己的情報有許多是用那位救火員的方式取得。我每年走訪數以百計的公司並深入訪談，花許多時間參加各公司總裁、財務分析師，以及共同基金業的同業聚會，但我往往在很不經易的情況下碰到大贏家，方法簡易得大家都能如法炮製：

我在一次加州之旅中，對塔克鐘（Taco Bell）速食店的墨西哥菜印象深刻；而在假日旅館（Holiday Inn）的人曾提到的競爭對手——拉昆塔（La Quinta Motor Inns）。富豪汽車，我家人和朋友都開這種汽車；蘋果電腦，我的孩子在家裏用了一部，而公司的系統部經理也為辦公室添購了幾部。國際服務企業是公司裏一位電訊業分析師在一次德州之旅中發現的（他對葬儀業一無所知，這不是他鑽研的領域）；當肯甜甜圈，我喜歡這家店的咖啡；還有最近重新出發的一號碼頭進口公司(Pier I Imports)，是我太太推薦的。事實上，凱洛琳是我最好的情報來源之一，她發現了蕾格斯絲襪(L'eggs)。

蕾格斯是常識力量最好的例證，這家公司是七〇年代最成功的兩種消費產品之一。七〇年代早期，我接手麥哲倫基金之前，曾擔任富達的證券分析師，我曾經旅行全美，參觀許多紡織廠，也計算過獲利狀況、本益比，以及交叉分析的技法，對這個行業有一點了解。不過這些資訊都比不上凱洛琳提供的有價值。我的研究並沒有讓我找到蕾格斯，她卻在百貨店裏找到了。

在結帳櫃台附近的開放式鐵架上，陳列著新式女性絲襪，包裝在彩色的蛋形塑膠容器內。漢斯公司(Hanes)在全美幾個地點做蕾格斯的市場反應測試，波士頓郊區也是測試市場之一。漢斯公司訪問了數百名在超市購物的女士，問她們剛才是否買了絲襪，相當高比例的人答是，但大部分的人不記得自己買了什麼品牌。

漢斯公司大喜，如果有一種產品銷路甚旺，卻沒有特別知名的品牌，想想看，一旦有個廣為人知的品牌，會如何暢銷！

凱洛琳不必是個研究紡織類股的分析師，一樣能明白蕾格斯的品質，她只要買一雙絲襪來穿穿看即可。這種絲襪有所謂的強化織法，比一般絲襪堅韌，不易走紗。蕾格斯還很合身，不過它最大的吸引力還是便利，你可以在超市的口香糖和刮鬍刀旁邊順手拿到，不必特地跑到百貨公司去買。

漢斯也有一般品牌的絲襪，在百貨公司和專門店陳列出售，但該公司認為，女性顧客平均每六星期才逛一次百貨公司，但雜貨店卻是一週去兩趟的地方，她們接觸蕾格斯的機會是一般品牌的十二倍。在雜貨店賣絲襪是個非常受歡迎的點子，你只要在超市、藥房的結帳隊伍裏，看看有多少女士的推車裏有塑膠蛋（譯註：絲襪藏於其中）就知道了。你可以想像全美有多少蕾格斯絲襪正在交易中。

有多少買絲襪的女士、為女士們結帳的收銀員，以及看到太太買絲襪回家的先生們，注意到蕾格斯的成功呢？大概有幾百萬人注意到。這項產品上市兩、三年後，你可能曾走進任何一個超市，注意到這是一種暢銷貨，接著你很容易發現蕾格斯是漢斯的產品，而漢斯則是華爾街股市的上市公司。

凱洛琳告訴我漢斯這家公司時，我便依照慣例研究了這家公司的故事，結果發現故事比我想像的還要好，因此我像那個自信的救火員一樣，信心十足的把它推薦給富達的基金經理們。漢斯不久變成一支六壘安打，然後被綜合食品公司(Consolidated Foods)收購，現在已屬於莎莉蛋糕公司(Sara Lee)。蕾格斯依然為莎莉賺進不少錢，過去十年來也不斷成長，我相信漢斯如果沒有被收購，漲五十倍也不成問題。

蕾格斯之美，就在於你無須從一開始就知道這家公司，你可能一開始就買了漢斯的股票，或在蕾格斯上市後第二、三年，已經聞名全美之後才買，一樣能賺三倍。但很多人沒有行動，尤其是做丈夫的。做丈夫的人（通常是家中的投資人）可能忙於買太陽能股票或衛星天線公司的股票，忽略了身邊的事。

我有個朋友，姑且稱他為哈里吧——事實上我們每個人身上多少都有哈里的影子。這位主要投資人（每個家庭似乎都有這麼一個人）剛花了一早上讀華爾街日報，還讀了他花兩百五十美元訂閱的股市情報刊物，他尋找另一個讓人興奮的股票，危險性低，富上漲潛力的。他在華爾街日報和投資情報上同時看到溫徹斯特電腦磁片公司(Winchester Disk Drives)，一家頗有前途的小公司。

哈里對電腦磁碟片一無所悉，但他打電話給證券經紀公司，得知美林投資公司(Merrill Lynch)已將這家公司放在「積極加碼」的名單上。

哈里想，這些情況想必不是巧合，他很快便相信，投資辛苦賺來的三千元在這種股票上，想必是個好點子。畢竟，他做過研究了！

哈里的太太韓莉是個「不懂金錢投資這門嚴肅學問的人」，她剛從購物中心回來，在那裏，她發現了一家新開幕的服裝專門店，叫「有限服飾」(The Limited)，裏面擠滿人潮。她迫不及待的告訴她的先生，那家店的服務有多好，價錢有多公道。「我為珍妮佛買了整個秋季的新裝，」她說，「只花了兩百七十五塊。」

「兩百七十五元?」這位主要投資人叫道，「妳出去亂花錢時，我在家忙著想如何賺錢。溫徹斯特電腦公司就是答案，這是一家可以放心的公司，我們投資三千元吧。」

「我希望你很清楚你的決定，」不懂金錢投資的太太說，「記得哈瓦萊特攝影公司嗎？那個穩賺不賠公司從七元跌成三塊半，我們賠了一千五。」

「是啊，但那是哈瓦萊特，這是溫徹斯特，華爾街日報稱電腦零件業為本世紀最大的成長工業之一，大家都買這種股票，我們何不跟進呢？」

接下來的故事很容易想像，溫徹斯特有一季生意不佳，或者遇到意外的競爭對手，股價從十元跌成五元。由於主要投資人不可能知道這些情況是怎麼回事，他決定脫手才是上策，還很慶幸自己只賠了一千五，相當於珍妮佛五套秋裝治裝費。

在此同時，有限服飾這家讓哈里的太太印象深刻的商店，股價正穩定成長，從一九七九年十二月的每股五毛，漲到一九八三年的九元，已經是個二十壘安打了。如果哈里在九元時才買進，並歷經下挫到五元的大調整，他的錢還是大漲了五倍，該股票目前已上揚接近五十三元。比起剛開始，這種股票已經漲了一百多倍，如果哈里一開始就投資一萬元，他可以在這種股票上賺到一百萬元。

更實際一點，如果韓莉花兩百七十五元買衣服時，也投資兩百七十五元買這種股票，那麼她的小額投資也夠付女兒一學期的學費了。

但我們的主要投資人雖有機會在賣掉溫徹斯特之後，買進有限服飾，但他還是對太太的精彩情報視而不見，當時全美共有四百個有限服飾的門市，絕大部分都擠滿人潮，但哈里根本無心留意。

到了一九八七年底，可能正是五〇八點大變動之前，哈里終於發現有限服飾出現在經紀商的推薦名單上，更甚者，有三種知名刊物寫文章稱許這種股票，使它成為大型機構法人的投資目標，約有三十名分析師在追蹤它的發展。這位主要投資人終於感覺到這是個可以投資的目標。

有一天他對妻子說：「真有趣，記得你喜歡的那家店，叫有限服飾的嗎？它居然是一家上市公司，意思是，我們可以買它的股票。非常好的股票，根據我從PBS上看來的特別報導，這家公司正在往上竄。我聽說『富比士』（Forbes）還給它做了個封面故事，總之，聰明錢正大量搶購這種股票。大概有超過二千個退休基金。」

「我們還有幾千塊在退休基金裏？」韓莉存疑的問。

「當然，」這位主要投資人吹噓道，「不久還會更多，這要感謝你喜歡的店。」

「但我不再到有限服飾買衣服了，」韓莉說，「他們的價錢太貴，樣式也不特別，其他商店現在也賣類似的東西了。」

「這跟股票有什麼關係，」我們的一家之主說：「我不是跟你談逛街買東西，我說的是投資。」

哈里在五十元時買進，幾乎是一九八七年的最高價，不久便跌到十六元，哈里在跌到一半時就賣出了，再一次慶幸自己損失有限。

這是上市公司嗎？

我實在沒有資格嘲笑哈里在有限服飾上的損失，我在該公司上漲時也沒有買它的股票，我太太和韓莉一樣，看到有限服飾擠滿人潮的盛況。而我也在一片叫好聲中買了有限服飾的股票，當它的基本資料開始崩壞時，我還是緊抱不放。

我可以花幾頁的篇幅，談我曾經錯過的大漲股票，還有更多令人遺憾的例子，一路談下去。說到錯失良機，我和下面要談的這個人一樣在行。我曾經站在本世紀最偉大的資產——裴波海灘(Pebble Beach)高爾夫球場上，卻從沒想到問一聲，它是不是上市公司。我太忙於注意發球點和球洞之間的距離了。

所幸十壘安打式股票到處都是，因此我們即使忽略了大部分，仍然可以有收穫。一份像我處理的這種大投資組合中，我必須碰上幾個大贏家，才能對整體結果造成明顯差別；然而對你的小型投資組合而言，只要碰上一個就夠了。

尤有甚者，投資蕾格斯絲襪或當肯甜甜圈之類你熟悉的公司，好處是，當你試穿一雙絲襪或喝一杯咖啡時，你已經在做人們付錢請華爾街分析師所做的那種基本分析了。走訪商店和測試產品，正是分析師工作中重要的項目之一。

你一輩子都在買車和相機，早已培養出分辨好壞的能力，知道什麼好賣、什麼不行。如果你不懂汽車，必定有什麼別的東西是你比較懂的，而最重要的是，你會在華爾街獲悉之前先知道最新動態。何必等美林的餐飲類股分析師推薦當肯甜甜圈？你已經看到你家附近出現七個加盟店了。美林公司的分析師一直等到當肯甜甜圈的股票從兩元漲到十元時才注意它（理由為何我實在不解），而你在兩元時就已經注意到它了。

小心吉加赫茲

對業餘投資人而言，不知為什麼總是很難把開車出去吃甜甜圈，與深入研究股票投資聯想在一起，人們似乎更願意投資他們完全忽視不管的東西。華爾街似乎有一條不成文的規定：如果你不了解它，就把一生的積蓄全投資給它。不去理會眼睛看得到的企業公司，專找那些製造你不了解的產品的公司來投資。

不久前我才聽到一個這樣的投資機會，根據某人放在我桌上的一份報告，投資一家製造「補充氧化鐵半導體、I／O數據處理機、光學翻譯機、米加弗洛普(megaflop)、16位元雙重記憶板、UNIX操作系統、高波段寬頻、——吉加赫茲(giga hertz)、雙金屬通訊系統、異步反向相容性、周邊匯流條設備、四路內插記憶體及十億分之十五秒運轉能力」等等產品。

擠我的吉加赫茲，磨我的米加弗洛普，如果你弄不清這些怪名稱究竟是賽馬的名字或是一種記憶晶體產品，哪怕你的證券經紀商打電話來大力推薦，鼓吹你把握十年一次的良機，你最好還是保持距離。

包心菜田裡的水痘

我的意思是讓你買每個新速食加盟店的股票，或者每樣熱門產品的製造公司，或在附近購物中心開設門市的每個上市公司的股票嗎？如果事情真是這麼簡單，我就不會在雅痞的便利商店——比德諾（Bildner）上賠錢了。如果我只買它的三明治而不買股票就好了，現在是，五十股比德諾的總值還買不到一個鮪魚裸麥三明治。稍後我會多談點這個話題。

寇爾克（Coleco）呢？包心菜娃娃雖是本世紀最暢銷的玩具，光是這點並不足以拯救一個資產負債表相當糟的公司；而雖然該公司股票一年內有戲劇性的成長：先是家庭錄影帶遊戲大行其道，接著是包心菜娃娃風靡一時，但該公司終究由一九八三年的六十五元高點，重挫成目前的兩元不到，因為該公司已在一九八八年宣告破產。

找到有潛力的公司只是第一步，下一步是做研究，研究能幫助你區分玩具反斗城和寇爾克，蘋果電腦和電視錄影帶公司（Televideo），或者皮得蒙航空（Piedmont Airlines）和大衆快遞（People Express）。既然提到這個話題，我真希望當時對大衆快遞的情況多做點調查，如此一來，或許我就不會買這種股票了。

儘管有許多次失敗的經驗，在我管理麥哲倫基金期間，十二年內股份漲了二十倍——部分成績須感謝我發現的一些不為人知的冷門股票。我敢說任何投資人都能用相同的技巧得到好處，要勝過聰明錢並不需要多高的智慧，我已說過，聰明錢並不算太聰明。

本書分成三個部分，第一，準備投資（第一章到第五章），談的是如何讓自己成為股票挑選人，如何估量競爭對手（投資組合經理、證券公司投資人，以及其他的華爾街專家），如何評估股票的風險是否大過債券，如何檢視你的財務需求，以及如何建立成功的股票挑選模式。第二，挑選贏家（第六章到第十五章），談的是如何尋找最可期待的機會，對公司行號應做何預期以及該避開什麼，如何利用證券經紀人、年報，以及其他資源，還有對股票做技術評估時經常提到的各種數據

（本益比、帳面值、現金收益）是如何計算的等等。第三，長期眼光（第十六章到第二十章），討論如何設計一份投資組合，如何追蹤你感興趣的公司，何時買何時賣，期權與期貨的騙局，以及對華爾街、美國企業和股票市場的健康狀況做通盤檢視——這些正是我二十多年投資生涯中一直在注意的事。

註：全書中，我們將面臨上市公司一股配兩股，一股配三股等股權分割問題。如果以一，〇〇〇美元購入X公司一〇〇股股票，就是以每股十元投資，而因公司一股配兩股的股權分割政策，於是你擁有二〇〇股X公司股票，這時股價每股是五元。假設二年後漲到每股十塊錢，那麼投資已成長一倍。然而，對一個不知道有股票分割的人來說，當初十塊錢買的股票，現在仍以十塊錢賣出，感覺不出任何的改變。以速霸陸為例，它從未真的以每股三一二元成交過，在飆漲到三一二元最高價前，公司以一股配八股稀釋股票，因此當時的實質價格為每股三十九元（$312/8）。為符合這個價格，全部預先分割股價必須可以八除盡。一九七七年速霸陸每股跌到二塊錢，經股權分割稀釋後，每股只有二十五美分（$2/8=$0.25），儘管該股從沒有以二十五分成交過。股權分割的存在，是因上市公司通常不希望自己的股票價格過高。

選股戰略

ONE UP ON WALL STREET

第一篇　投資準備

在你考慮購買股票之前，你所必須做出的基本決定包括：股市評估、你個人對法人機構的信賴度、你是否必須投資股票、你期望從股票投資中得到什麼、區分你自己究竟是短期還是長期投資人、以及（更重要的）當股價發生不預期且突發的急遽下挫時，你將如何因應。

你最好事先明確制定你的投資目標並弄清楚自己的投資心態（例如，問問自己：我是否真的認為投資股票的風險大於投資債券？）因為如果你不曾做成任何投資決定，同時又缺乏投資信念的話，那麼你很有可能會成為股市裡的犧牲者，不但在最糟糕的時刻放棄了所有的希望與理智，而且只能認賠殺出。

事實上，區分成功的股票挑選者與慣常的失敗者之間的標準，即在於個人的準備工作，正如同知識與研究所要的工夫一般。最後決定股票投資人命運的，其實既不是股市本身也不是上市公司，而是投資人自己。

在以下的章節中，我將試著告訴你，在股市投資中你所要面對的是什麼，你如何有效確保個人的成功，以及你可預期獲得的利潤。

第一章　一個股票挑選人的養成

挑選股票並沒有什麼家傳訣竅，雖然許多人仍然喜歡把他們的損失怪罪到先天不足上，相信有些人天生擅長投資，我個人的經驗是最好的反駁。我的搖籃上並沒有裝股票行情發報機，我也沒有像黑珍珠比利(Pelé)小時候緊抓住足球不放那樣，自小就咬住股票行情版。就我所知，我父親從未離開候診室去查看通用汽車的股價，我母親也從未在陣痛期間詢問ＡＴＴ的股息。

我只能在後來才知道，我出生當日，一九四四年一月十九日，道瓊工業平均指數下挫，而我在醫院那個星期，股市還繼續下挫。我當時自然無從明白，這正是林區法則最早的例子。林區法則與彼得定律非常相近，其內容是：林區向前進，股市便下跌。(最近的例子出現在一九八七年夏天，出版商和我達成出書協議時，雖是我的事業顛峰，股市卻在兩個月內重挫一千點。我出售電影版權之前一定會先三思。）

我的親戚大多不信任股市，理由相當充分。我母親是七個兄弟姊妹中的老么，這表示我的舅舅阿姨們都在大蕭條期間長大，對一九二九年的股市大崩盤有第一手資料。我們家沒有人會推薦股票投資。

我聽過的唯一一次股票投資，是我祖父吉尼・葛里芬（Gene Griffin）買了城市服務（Cities Services）的股票，他以為這是一家自來水公司。有一回他到紐約，發現這是一家石油公司，立刻把股票賣了。城市服務不久便漲了五十倍。

對股票不信任的心態，在五〇年代相當盛行，六〇年代的股市先漲了三倍，不久又漲了兩倍，但這種心態仍然流行著。我童年時期那段期間，是股票史上真正的大多頭，比一九八〇年代興旺得多，但聽我舅舅們的說法，你會以為那是公開賭場後面的小聚賭。人們警告說：「千萬別介入股市，太冒險了，你會賠個精光。」

回顧當年，我知道一九五〇年代在股市把錢賠光的機會，並不比之前或之後大，這讓我了解了，預測股市是很困難的，而小投資大眾的樂觀與悲觀往往時機錯誤，因此，想在股市看好時進場，情況不對時逃離，實在是自欺的想法。

我的父親原是一位工作勤奮的數學教授，他後來離開學術界，成為約翰・漢考克(John Hancock)公司最年輕的資深查帳員，我七歲時他病了，我十歲時，他死於腦癌。這個悲劇迫使我的母親必須外出工作（在慮德洛製造廠Ludlow Manufacturing——稍後被泰可實驗室Tyco Labs合併），而我決定以打工的方式幫一點忙。十一歲那年，我到高爾夫球場當桿弟，那是一九五五年七月七日，道瓊指數從四六七點跌到四六〇。

對一個已經發現高爾夫球的十一歲孩子而言，桿弟是個理想的工作，他們付錢讓我在球場裏走動，一個下午賺的錢，相當於每天清晨六點把報紙送到各訂戶家草坪上的報童一星期的工資。還有什麼比這更好的？

高中時代，我開始了解桿弟工作更細緻而重要的優勢，尤其是在波士頓郊外的私人高爾夫球場上。我的顧客都是大公司的總裁和決策人員，包括吉利(Gillette)、拍立得(Polaroid)，還有最重要的富達。我幫喬治・蘇利文(D. George Sullivan)找到球的同時，也幫自己找到了事業。通往決策階層之捷徑乃始自私人俱樂部的更衣室，知道這一點的桿弟不只我一人。

如果你想學股票，除了在大型證券交易中心之外，高爾夫球場是第二個好地方，俱樂部會員打了一記左曲球或擊出一個斜球之後，往往會口沫橫飛的談最近的股票投資勝績，一回合下來，我可能給了五個打球秘訣，同時也得到五個股市情報。

我當時並沒有餘錢可以運用那些股票情報，但我在草坪上聽到的愉快故事，讓我對家裏告訴我的股市是賠錢坑的說法重新思考，我的顧客有許多都在股市上賺了錢，有些正面的證據讓我銘記不忘。

桿弟很快便懂得為打球的人分門別類，首先是稀有的半神半人（打球高手、好人、出手大方的顧客），接著是普通球手和小費給得平平的人，最差的當然是球打得糟、脾氣壞，出手又小氣的人——這類顧客是我們避之唯恐不及的。我的顧客多半球技和出手都平平，但如果讓我挑一個不擅打球的大方顧客或一個會打球的小氣財神，我知道該選前者。桿弟生涯不斷給我一個觀念：有錢好辦事。

我從高中到念波士頓學院，一路繼續當桿弟，法蘭西斯・威米特（Francis Ouimet）桿弟獎學金還幫我付了學費。大學期間，除了必修課，我盡量躲開科學、數學和會計等課程——這些正是商業生涯的必要訓練。我喜歡藝術方面的課程，加上一般的歷史、心理學和政治科學。我還修形上學、知識論、邏輯、宗教和古希臘哲學等。

現在回想起來，學歷史和哲學顯然比修統計學之類的學科更有助於股市的活動。投資股票是一門藝術，不是科學，而將每件事都量化的人，顯然吃了虧。如果挑選股票可以量化，那麼你只要花時間守著電腦，便可以賺大錢了。股市投資全然不是這麼回事，你在股市用得上的數學（克萊斯勒得到十億元現金、五億元長期債務等），在小學四年級時便學到了。

挑選股票時，對我幫助最大的是邏輯，這門學問告訴我，華爾街往往做得多麼不合邏輯。事實上，華爾街的思考方式和希臘人差不多，早期的希臘人常常圍坐數日，辯論一匹馬有多少牙齒，他們相信只要坐著想便能得到答案，無須到馬身上實地檢查。許多投資人也喜歡坐著辯論某種股票是否會上漲，彷彿財務繆思會給他們解答，他們就不肯直接找公司查詢。

過去幾世紀以前，人們聽到公雞叫，看到太陽升起，便認定日升是雞叫的結果。現在看來這是很傻的，但華爾街的專家們天天都在混淆因果關係，為股票上漲找理由：諸如流行裙線變高了，某個球隊贏了超級杯，日本不快樂，共和黨會贏得大選，趨勢線被打破，股票賣超等等。我聽到這類理論時，總想起公雞的故事。

一九六三年，我上大二時，買了我的第一種股票——七元一股的飛虎航空。我用當桿弟加獎學金的錢來付自己的學費，住在父母家裏以節省其他開銷，並為自己換了一部車，從八十五元的舊車換成一百五十元的車。雖然曾錯失許多機會，我終究還是有錢可以投資！

飛虎不是狂想的結果，我挑選它之前，先針對不正確的基本資料做了一番深入的研究。我在學校課堂上曾讀到一篇文章，期許飛航業的前途，文中提到飛虎是一家空運公司。這就是為什麼我會買這種股票，但這並非股票上漲的原因，股票上漲是因為美國參加越戰，而飛虎從太平洋航線上頻繁的旅運和貨運賺了大錢。不到兩年，飛虎漲到三十二塊多，我也有了第一個五壘安打。我一點一點的把股票賣掉，好支付研究所的費用，我念華頓（Wharton）商學院可說是拿了飛虎的獎學金。

如果你買的第一份股票對你的財務前途有重大影響，如同初戀對你未來的羅曼史有重大影響一樣，那麼我買了飛虎實在太幸運了。這種股票告訴我，大漲型股票是存在的，而且除此一家之外，還有很多其他選擇。

我在波士頓學院的最後一年，申請了富達的暑期工作，這是該公司總裁蘇利文先生建議的，他是一個運氣不佳的球手、好人和小費給得大方的人。富達是紐約遊艇俱樂部、卡內基音樂廳、肯塔基馬賽會及投資公司中的祭司，就像中世紀的克蘭尼(Cluny)修道院，僧侶皆以蒙獲召喚為榮；而在證券投資界，哪個醉心於投資負債表的人不會夢想在此工作？暑期工作只有三個缺，應徵者卻多達一百人。

富達在銷售共同基金方面的表現好到連我母親都買了每月一百元的富達資本基金，這個由蔡至勇經營的基金，在那個興旺的年代裏，是最有名的兩個興旺基金之一。另一個是富達趨勢基金，由愛德華—詹森三世(Edward C. Johnson III)經營，他又名奈德(Ned)。奈德是愛德華—詹森二世(Edward C. Johnson II)的公子，詹森二世通常被稱為詹森先生，是公司的創辦人。

奈德—詹森的富達趨勢基金和蔡的富達資本基金遠遠跑在所有競爭對手之前，

是一九五八到六五年間最讓同業欣羨的目標。有這些人的訓練和支持，我想我可以體會牛頓所說的：「如果我能看得更遠……那是因為我站在巨人肩上的緣故。」

在奈德的大成就完成之前，他的父親詹森先生，已經改變了美國人對股票投資的心態。詹森先生相信投資股票不是為了存錢，而是為了賺錢。你拿了利潤，投資在更多股票上，賺更多的錢。詹森先生一再被引用的話：「你和股票打交道，和股票的妻妾緊黏不離。」他不會從宣揚女權的「Ms.雜誌」那兒得到任何獎項。

當我被富達僱用時我樂壞了，開始時我在蔡先生的舊辦公室工作，他已前往紐約負責曼哈頓基金。道瓊指數在我上班的第一個星期，一九六六年五月，是九二五點，到了九月我回學校時，已跌到八百點以下，這正好再次證實了林區法則。

隨意遊走與緬因糖業

像我這樣的暑期實習生，在金融或會計方面毫無經驗，通常會分派到研究企業公司和寫報告的工作，就像一般分析師所做的。整個令人生畏的生意就這樣忽然間揭開神秘面紗——即使學藝術的人也能分析股票。我被分派到報紙和出版事業部門，並被送到全美各大出版公司拜訪。當時航空業正在罷工，因此我搭巴士旅行。到了暑假尾聲，我最熟悉的公司是灰狗巴士公司。

度過富達的實習時光，我回到華頓上第二年的研究所課程，心裏對學院裏股市理論的價值相當懷疑，在我看來，華頓學到的東西原應能幫助你在投資事業上有所成就，但結果只會造成失敗。我研讀統計學、高級微積分和定量分析。定量分析教我的是，我在富達看到的事情並沒有發生的可能。

我還發現，統合經濟效率市場假說（亦即股市的每件事皆為「已知」，而股價是「合理的」）和隨意遊走假說（股市漲跌是無理性可言，且完全不可預期的），是非常困難的。我已經看過太多奇怪的股價變動，實在不能相信合理股價這回事，而富達衆多基金經理的出色表現尤其不可預期。

同時，華頓那些相信量化分析，同時也相信隨意遊走理論的教授們，表現顯然不及我在富達的新同事們，因此在理論和實務之間，我把自己定位在實務工作者上。如果你看到有人在肯德基炸雞上賺了二十倍，而之前又先分析過股票會上漲的原因，那麼你便很難支持學術理論中流行的股市無理性這種論調。我對理論家和預言家的不信任一直持續到現在。

華頓有些課程還是有幫助的，但即使所有的課都毫無意義，那段求學經驗還是值得的，因為我在學校裏認識了凱洛琳。（我服兵役時，我們結婚了，那是一九六八年五月十一日，週六，股市沒有開市，我們度了一星期的蜜月，那段時間裏，道瓊指數下跌了十三．九三點——我當時倒沒有注意，這是我後來查出來的。）

在華頓念完二年級，我服了兩年的預備軍官役，自一九六七到六九年，我在砲兵部隊擔任少尉，先被送到德州，然後送到韓國——想想還有其他地方可送，這算是幸運的，砲兵部隊的少尉在越戰中傷亡率極高。在韓國唯一的壞處是距離證券交易所太遠，而就我所知，漢城當時並沒有股市。撤出華爾街真讓我難受。

在有限的幾次休假中，我設法彌補缺席的時間，匆匆趕回家，買朋友和同事推薦的各種熱門股票。他們買的盡是還在飛漲的高成長股票，但建議我買穩定成長的保守型股票。我在藍傑石油（Ranger Oil）上的確賺了一些錢，但卻在穩賺的緬因糖業（Maine Sugar）賠了。

緬因糖業的人勸緬因州所有種馬鈴薯的農人在休耕期間種甜菜，這對緬因糖業，會有很大的利潤，對農人也一樣有益。種甜菜可讓農民有額外的收入，因為甜菜是和馬鈴薯合種的完美作物，對土壤也有增肥的好處。更甚者，緬因糖業預付了種甜菜的帳，農人只要將成熟的甜菜送到新建的緬因糖業大型煉糖廠即可。問題在於，緬因州的農人是很謹慎的，他們不肯貿然種數百公頃的甜菜，第一年只試種了四分之一公頃，效果不錯，隔年便擴大半公頃，等到他們全部種上甜菜時，煉糖廠早因生意不夠大而關閉，緬因糖業也宣告破產了。這種股票跌到六分錢一股，只夠買六顆口香糖。

在緬因糖業的大災難之後，我發誓絕對不買任何靠緬因農人的股票來賺錢。

一九六九年，我從韓國回美，正式加入富達，擔任專職的研究分析師，股市自然應聲而跌。(林區法則理論者請記下來。) 一九七四年六月，我從助理研究主管晉升為研究主管，道瓊指數接下來三個月內跌了兩百五十點。一九七七年五月，我接掌麥哲倫基金，當時股市還在八九九點，接著便開始長達五個月的下滑，直跌到八〇一點。

麥哲倫的總資產是兩千萬美元，投資組合上只有四十種股票，而富達的老闆奈德・詹森建議我把總數降到二十五。我禮貌的聽著，然後出去把股票加到六十種，半年後更成了一百種，不久加到一百五。我不是為了唱反調才這麼做，而是因為無法抗拒一些好買賣，而那段期間，好買賣到處都是。

心胸開濶的奈德・詹森遠遠的觀看著，並不時給我鼓勵，我們的方法不同，但這並沒有影響他對我的支持——只要我的方法有好結果就行。

我的投資組合持續成長，組合中光是在地產放貸公司股(S&L)的投資最高紀錄曾經持有二百五十種該類股票。我的選股並非集中在某幾支股票上，而是把清單上的公司全買了（當然，我必須先確認各家股票的潛力）。投資一家便利商店也是不夠的，除了7-Eleven的母公司南方(Southland)之外，我忍不住買了K圈(Circle K)、全國便利連鎖(National Convenience)、費蒙食品(Fairmont Foods)、躍進食品(Hop-In Foods)、日照小店(Sunshine Junior)等等。買數百種股票顯然不是奈德・詹森理想中經營股票基金的方法，但我今天還依然好好的。

我很快便被稱為股票界的威爾·羅傑斯（Will Rogers），一個沒有一種股票不愛的人。（譯註：威爾·羅傑斯的一句名言是：「我從未碰見一個我不喜歡的人。」）他們常常在巴隆雜誌（Barron's）上開玩笑——你能說出一個林區沒買過的股票嗎？我目前擁有一千四百種股票，因此我想他們的玩笑並非無的放矢。當然，我可以說出一堆我希望自己沒買過的股票。

此刻富達麥哲倫基金的資產規模已達到九十億美元，相當於半個希臘的國民生產毛額，而以投資報酬而論，麥哲倫過去十一年來比希臘好得多了，雖然希臘已有兩千五百年令人欣羨的歷史。

至於威爾·羅傑斯，他曾給過有關股票最好的忠言：「不要賭博；把你的積蓄拿來買一種好股票，等它上漲再賣掉。如果股票不漲，就不要買它。」

第二章　華爾街的矛盾

知名的矛盾修辭名單上，我想除了軍方情報、用功學習的教授、震耳欲聾的沈默，以及巨型小蝦之外，可以加上專業投資這一項。業餘人士必須以適度懷疑的眼光看待專業，這點相當重要，至少你得了解你反對的是誰。由於大公司有七成的股票都控制在法人手中，因此不論你買進或賣出股票，都無法不與這個大矛盾競爭，這是一個難得的機會。想想有那麼多文化、法律和社會的規範在約束專業投資人（有許多是我們的自我約束使然），像我們這樣一個群體能運作得這麼好，真是神奇。

當然，並非所有的專業人士都是矛盾的代名詞，有許多偉大的基金經理人、充滿創意的基金經理人，以及特立獨行的基金經理人，懂得隨心所欲地投資。約翰·坦伯頓(John Templeton)是頂尖的一位，他是全球市場的先鋒，是最早在全世界各處賺錢的專家之一。他的股東避開了美國一九七二到七四年的大崩盤，因為他很機警的投資大量基金資產在加拿大和日本股市。不僅如此，當日本的股市指數（日經指數）在一九六六年到一九八八年間上揚了七倍，他是少數充分把握時機的投資專家之一，那段期間美國的道瓊指數只漲了一倍。

已逝的馬克斯・海恩(Max Heine)，過去執掌共同股分基金，是另一位能自由思考的天才，接續他職位的邁可・普萊斯(Michael Price)承繼了他的手法，專買資產豐厚公司的超低價股票，然後靜待股價漲到滿足的價位。他的表現相當優異。約翰・尼夫(John Neff)是投資冷門股票的冠軍高手，擅長伸出脖子到處找目標。盧米——塞爾斯(Loomis-sayles)的肯・希伯諾(Ken Heebner)也經常把脖子伸得長長的找尋投資價值高的股票，成績亦極可觀。

彼得・廸絡斯(Peter De Roetth)是另一位投資小型股票的高手，他畢業於哈佛大學法律研究所，對股票懷著不可救藥的熱情。他曾經指點我投資玩具反斗城。他成功的秘訣在於，他從未上過商學院——想想看，有那麼多課程他都不必上。

喬治・索羅斯(George Soros)和吉米・羅傑斯(Jimmy Rogers)以相當神秘的

方式賺了幾百萬元，我暫時不詳細介紹這些方法，包括短期黃金買賣，購買期權、澳洲債券等。而華倫・巴菲特(Warren Buffett)這位最偉大的投資人，尋找的是和我類似的機會，不過他找到了，就把整個公司買下來。

這些有限的異數完全被數量龐大的循規蹈矩、心虛膽怯、遲鈍、死氣沈沈、阿諛的基金經理人所淹沒，加上校園裏的追隨者、頑固守舊者，以及專拾牙慧的模仿者。

你必須了解我們這一行的心理，我們都讀同樣的報章雜誌，聽同樣的經濟學家說話，坦白說，我們是非常同質的一羣人，沒有幾個同行來自不同的背景，如果有任何高中只念一半就退學的人在經營股票共同基金，我想我會非常訝異。我懷疑同業中會有任何開卡車的人或運動健將改行加入的例子。

你不會在我們這支隊伍裏找到幾個年輕的孩子。我太太有一次做了一項研究，結果是通常人們的大發明和大思想都在三十歲以前發生。但從另一方面來看，我現在四十五歲，仍經營著富達的麥哲倫基金，我樂於宣布：偉大的投資與年輕無關——而中年投資人經歷過幾種不同的市場後，可能比未經風霜的年輕人更占優勢。

儘管如此，大部分的基金經理人都是中年人，這個現象倒阻礙了天才型的年輕人在這個領域內發展的機會。

華爾街時差

我設法找出來的每一種股票，都具有極明顯的優點，如果問一百位專家人士願不願意把它列入他們的投資組合，我相信九十九位會表示願意，但基於我下面要談的一些理由，他們卻不能這麼做。他們和十壘安打之間有太多難以跨越的障礙。在目前的系統下，一種股票要真正具有吸引力，必須先讓機構法人投資公司認定其適合性，再由一羣權威的華爾街分析師（專門追蹤各工業及公司的研究專家），把它放在推薦名單上。有這麼多人等著別人踏出第一步，股票還能賣出去真是神奇。

有限服飾就是華爾街時差的最好例證，該公司在一九六九年上市時，除了機構法人和大分析師之外，似乎人人皆知，該股票承銷商是一家叫沃寇(Vercoe & Co.)的小公司，位於俄亥俄州的哥倫布市，有限服飾的總部也在那裏。有限服飾總裁雷斯禮·華克斯納 (Leslie Wexner)請他的高中同學，當時擔任沃寇公司銷售經理的彼得·海利達(Peter Halliday)代售股票。海利達分析華爾街的冷淡態度，主要是因為俄亥俄州的哥倫布市當時並非企業界的麥加聖地之故。

只有一位分析師蘇西·霍姆斯(Susie Holmes)獨力追蹤該公司達數年之久，然後才有另一位分析師美姬·吉良姆(Maggie Gilliam)在一九七四年開始注意有限服飾。若不是一場暴風雪迫使芝加哥歐海爾(O'Hare)機場關閉，讓吉良姆有機會在芝加哥附近的伍德菲爾德購物中心逛逛，她很可能也不會發現這家服飾公司。她注意到自己業餘這一面的敏銳力，這點值得記上一筆。

第一家購買有限服飾股票的機構法人是T.羅普萊斯新地平線基金(T. Rowe Price New Horizons Fund)，時間是一九七五年夏天。當時有限服飾在全美已有上百個門市，數以萬計的顧客在那段時間裏可以提出他們自己的發現，但是到了一九七九年時，還是只有兩家機構投資法人公司持有〇·六%有限服飾公司流通在外的股票。該公司的股票仍主要集中在員工及公司高階主管——這通常是個極好的訊號，稍後我們再討論。

一九八一年，全美有四百家生意興隆的有限服飾門市，而只有六名分析師追蹤這種股票。到了一九八三年，該股票漲到九元，長期投資者自一九七九年持股至今，已有十八倍漲幅，當時每股只賣五毛錢。

是的，我知道該股票在一九八四年跌了將近一半，每股只剩五元，但該公司仍有良好表現，因此這是投資人另一個難得的買進機會。（我在稍後幾章會解釋，當一種股票下跌，而其基本面仍然看好，你最好握住手上的股票，或趁機再加碼投資。）一直到一九八五年，該股票才漲到十五元，而分析師們才加入慶祝的行列。事實上，他們正爭先恐後的把有限服飾列入投資名單中，如此熱切的買氣，將該股票一路推到近五十三元——遠超過基本面呈現的適當股價。那時已有三十多名分析師注意這支股票，有許多人正好及時看到有限服飾從高處往下跌。

我最喜歡的葬儀服務公司——國際服務企業在一九六九年首度上市，接下來十年內，沒有一個分析師對該公司有絲毫的興趣！該公司卯足全力想引起華爾街的注意，結果倒被一家叫安德伍(Underwood)的小投資公司注意到了，而在一九八二年，終於有第一家大證券公司表示興趣，那時該股票已是個五壘安打了。

的確，你可以在一九八三年花十二元買該股票，然後在一九八七年以近三十一元高價賣出，賺了一倍多，但這可不像你在一九七八年漲了四十倍的投資那麼刺激。

數以萬計的人都知道這家公司，方法無他，就是因為參加喪禮，而該公司的基本面相當好。結果華爾街完全忽略了這家公司，只因為葬儀業沒有列入標準工業分類細目內，它不算休閒業，也不算耐久財業。

一九七〇年代間，速霸陸正大幅成長時，只有三、四位大分析師注意它，當肯甜甜圈在一九七七年到八六年間漲了二十五倍，但直到今天，也才只有兩家大證券商注意它。兩家公司在五年前對當肯也都興趣缺缺，只有少數地方證券經紀人留心他們的賺錢故事，但你吃過甜甜圈之後，是可以自己發現這家公司的。

我後面還會提到的佩波男孩（Pep Boys），一九八一年每股不到一元，一九八五年卻已漲到九塊半，不久便有三名分析師加以注意。史達普零售業從每股五元漲到五十元，而研究該公司的投資分析師則從一人增加成四人。

我可以繼續說下去，但我想我們都已抓到重點了。和上面所述相反的是，通常有五十六名分析師在注意IBM，而艾克森(Exxon)則有四十四人在追蹤。

四次審核通過

任何人想像華爾街的專家都在忙著找理由買刺激的股票，而沒有在華爾街花過多少時間。其實，基金經理人倒比較常找理由不買刺激的股票，以便在那些股票碰巧上揚時，提出適切的藉口。「這種股票太小，所以我沒買。」這是標準的第一藉口，接著是「沒有紀錄可循」、「這是非成長工業股票」、「管理表現未經證明」、「雇員都是工會成員」，以及「競爭激烈，會被淘汰」等等。有人說，「史達普沒機會，會被7—ELEVEN打垮。」或「皮肯雪(Pic 「N」 Save)不會成功，席爾斯(Sears)會幹掉它。」或「赫茲(Hertz)和艾維斯(Avis)搶盡市場，租車代理(Agency Rent-A-Car)沒有生存空間。」這些聽似有理的說法應是做企業調查的重點，但卻往往被用來加強負面判斷及禁忌。

只有極少數的專業人員敢冒著丟差事的危險，買前途未卜的拉昆塔汽車旅館股票。事實上，如果選擇一家不為人知的公司，賭賭賺大錢的機會，以及選擇一家知名公司，明知會小賠，兩條路選一條，一般共同基金經理人、退休基金經理人，或者企業投資組合經理人，都會毫不遲疑的選擇後者。成功是一回事，但更重要的是失敗時看起來不要太難看。華爾街有一條不成文的規則：「在IBM賠錢，絕不會讓你丟差事。」

如果IBM走低而你買了它，顧客和老闆都會問：「IBM最近怎麼了？」但如果拉昆塔汽車旅館下挫，他們會問：「你怎麼回事？」這就是為什麼只有兩名分析師注意拉昆塔，而其股票一股只賣三元時，對工作保障特別自覺的投資組合經理人根本不肯買它。他們也不肯在四元時買渥瑪超市，因為那時渥瑪還是阿爾堪薩斯州一個小城裏的小店，但不久它便大肆擴張了。他們等到渥瑪在美國各人口聚集中心都設有分店時才買，此時有五十名分析師追蹤這家公司，而渥瑪的總裁上了「時人」(People)雜誌，被描述成一個開小貨車上班的億萬富翁。此時該股股價已漲到四十元。

最糟糕的集體購買行動出現在銀行退休基金部門和保險公司，這些領域的股票都依據過去被肯定的名單來做買賣。十有九名退休基金經理人都倚賴這種名單工作，以保護自己免受「特立獨行」之名所累。特立獨行有時的確會惹來麻煩，正如下面這個例子要描述的。

兩家公司的總裁——史密斯和瓊斯，經常在一起打高爾夫球，他們的退休金專款都交由汀市國家銀行代為管理。打球期間，他們會聊聊業務大事，比方退休金帳戶之類，不久他們便發現史密斯的錢這一年漲了四成，而瓊斯的只漲了兩成八。兩人都應該滿足才對，但瓊斯很不悅，週一上午一早，他打電話到該銀行，想知道同一個退休金部門管理出來的結果為什麼會不一樣，「如果這種事再發生，」瓊斯咆哮道，「我們要把錢提走。」

退休金部門這個不愉快的問題很快便被擺平了，只要不同帳戶的經理人都從同一個經過核可的投資名單上挑股票，就沒有問題了。如此一來，史密斯和瓊斯兩人將得到相同的結果，或者至少不會有太大差距而觸怒任何人。結果幾乎可以料定是很平庸的，但可接受的平庸遠比特立獨行要讓人舒適得多。

如果這張核可名單是由三十個明智選擇所組成，個個皆是不同的分析師或基金經理人獨立思考後挑選出來，這當然是一件大事，你會有一份動力十足的投資組合。然而通常的情況是，表上的各個股票都必須經過三十位經理人共同背書，既然沒有任何一本偉大的書或一首動人的交響樂是由集體創作而成，那麼，偉大的投資組合自然也無法在集體合作的情況下產生。

我忽然想到馮內果(Vonnegut)的一篇短篇小說，其中提到各優異人士都刻意被往後拉一點（優秀的舞者穿上笨重的舞裝，偉大的藝術家把手指綁在一起等等），以免激怒技術較差的同儕。

我還想到新襯衫的口袋裏常有一張小紙頭，寫著「四次審核通過」，這正是股票被選到名單上的方法，做決策的人絕少知道自己審核的是什麼，他們不會走訪公司，也不研究新產品，只將拿到手的東西，再把它遞給下一雙手。每回我買襯衫就想到這個。

無怪乎投資組合經理人和基金經理人挑選股票時都極拘謹，投資組合經理人的工作安全程度，就和擔任跳舞或足球教練差不多。教練至少可以在兩個表演季之間放鬆一下，基金經理人卻完全不能休息，因為遊戲是全年無休的。每隔三個月，輸贏便被拿出來檢討一次，客戶和老闆往往都要求立竿見影的成績。

比較起來，我為一般大衆工作，比為那些替同儕挑股票的經理人工作要舒服多了。富達麥哲倫基金的持股人主要是小投資人，他們隨時可以賣出手上的持股，但他們不會一個股票一個股票的檢視我的投資組合，揣測我的選股心態。然而這種需隨時回報選股的情形卻發生在求利先生為銀行管理的盲目信託基金（Blind Trust）上，該基金是銀行為白麵包公司經手管理的退休基金。

求利先生知道他有什麼股票，他曾在盲目信託基金擔任七年的投資組合基金經理人，在那段期間裏，他曾做過一些相當有創意的決定，他很希望能自由的獨立工作。另一方面，白麵包的副總裁山姆也認為他了解自己的股票，每隔三個月，他便挑剔一次求利先生的選擇。除了這類一季一次的檢查之外，山姆每天都會打兩次電話給求利，以得到最新消息。求利對山姆的作法極其厭惡，恨不能完全不認識山姆或白麵包公司。他每天得浪費許多時間向山姆解釋挑選股票的事，以致沒時間做自己的工作。

基金經理人通常得花四分之一的工作時間來解釋他們剛做了什麼事——先是對自己的部門主管，然後是對最高主管，亦即像白麵包公司的總裁。有一條不成文的規定是，客戶愈大，投資組合基金經理人便需說得愈多，才能取悅他們。當然有少數投資目標無須多費唇舌，比方福特汽車、柯達、伊頓（Eaton）等，不過一般說來，上面的說法是成立的。

我們假設盛氣凌人的山姆檢視求利最近的退休基金投資結果，看到投資組合上有全錄（Xerox）的名字，其每股股價是五十二元，他看看成本欄，發現全錄原是以三十二元買進的。「太棒了，」山姆說，「我自己也不能做得更好。」

下一種股票是席爾斯，目前每股近三十五元，原價二十五元，「好極了，」他對求利說。所幸山姆從未注意買進日期，因此沒有發現這兩種股票早在一九六七年就名列投資組合了，想想全錄在名單上多久了，其回收比貨幣市場基金的投資差多了，但山姆不會察覺這點。

接著山姆看到七橡木國際公司（Seven Oaks International），這正好是我一直很喜歡的一種股票。你有沒有想過所有的折價券——買番茄醬省一毛五，買穩潔少兩毛五等等——從報紙、雜誌上剪下來，在超市交給收銀員之後，跑到哪裏去了？超市會把這些折價券集合起來，送到墨西哥的七橡木公司，統一進行分類、計數、登帳等工作，過程近似聯邦儲蓄銀行的業務程序。七橡木從這種無聊的工作上賺了不少錢，它的持股人也都大有收穫。我喜歡買的正是這種籍籍無名、業務無聊、名稱怪異，但賺大錢的公司。

山姆從未聽過七橡木，他唯一知道的就是記錄上的資料——該基金以十元買進，現在的市價是六元。「這是什麼？」山姆質問道，「跌了四成！」求利必須把會議下半段的時間全花在為這種股票答辯上。經過兩、三次這種事，他便發誓絕不再買任何奇特的公司，只緊抓著全錄和席爾斯之類的股票。並且決定儘早把七橡木賣掉，並永遠不要再想到這種股票。

回到「集體思考」中，並告訴自己，和大家一起挑同樣的公司比較安全，他刻意忽視一段知名的至理名言：

兩個人是伴侶，三個人就太擠；

四個人是兩對伴；
五個人是一對伴加一堆人；
六個人是兩堆人；
七個人是一堆人加兩對伴；
八個人是四對伴，也是兩堆人加一對伴；
九個人是三堆人；
十個人不是五對伴，就是兩對伴加三堆人。

就算七橡木的基本面沒有什麼了不起的差錯（應該沒有，因為我仍從中獲小利），稍後它甚至漲了十倍，白麵包的退休帳戶還是會把它賣掉，因為山姆不喜歡它，而那些該賣的股票則毫無疑問會被留下了。在我們這一行裡，胡亂賣掉目前賠錢的股票，叫做「掩埋證據」。

在每季檢視投資組合的基金經理人之間，掩埋證據往往極迅速而確實的進行著，我不禁懷疑這已成為求生之道了。而這種做法很可能廣為流傳，使得新生代做起來毫不遲疑，就像鴕鳥會把頭埋在沙子裏一樣。

這就是求利的狀況，若他沒有在第一次狀況發生時，迅速為自己掩埋證據，他會被解僱，而整個投資組合會轉移到繼位者手上，由他來掩埋它。後繼者總想以正面的感覺開始工作，這表示他會保留全錄而賣掉七橡木。

在我的同僚大喊：「騙子！」之前，讓我再次盛贊值得一提的例外。

許多紐約市以外地區的地方銀行都擅長在擴張的時刻裏挑中好股票；許多企業，尤其是中型的公司，在管理自己的退休基金上，表現都很出色。而全國性的基金績效評比，自然會讓數十名為保險基金、退休基金和信託帳戶工作的出色股票挑選人活動起來。

重重限制，處處難關

每當基金經理人決定買某支精彩股票（不顧所有社會與政治障礙），往往會被各種規則和約定所阻。有些銀行信託部門規定不准買任何有工會色彩的公司股票，有些則不投資非成長工業或特殊工業集團，諸如電力事業或石油或鋼鐵業等。這些規定有時極端到讓某些基金經理人不得買任何名稱中帶有r字母的公司，或者必須在月分名中帶有r時才能買某些股票，這種規則是套用吃牡蠣所用的規則。

規則若不是由銀行或共同基金設定，就是由證管會所制定。舉例來說，證管會要求我管理的這類共同基金不得擁有任何公司一成以上的股分，也不能將基金的五％全投資在同一種股票上。

不同的限制都是立意良好，防止基金把所有的蛋放在一個籃子裏（稍後再多談這點），也防止基金把一個公司全數接收（這點也稍後再多談）。其副作用是，較大的基金被迫放在一萬家左右的上市公司裏，把目標放在前九十到一百家公司。

假設你管理一個十億元的退休基金：而且被盯著無法獨立作業，必須在四十種核可的股票名單上選目標，也就是以過四關的方法做投資。由於你只能投資五％的基金在一種股票上，因此至少得買二十種，各五千萬美元，至多只能選四十種股票，各兩千五百萬元。

在此情況下，你必須找兩千五百萬元只占總額一成不到的公司，這使得大部分的機會都被剔除了，尤其是具有十壘安打潛力的快速成長小公司。比方說，你就不能買七橡木或當肯甜甜圈。

有些基金進一步受資本化規範的限制，不能買市價低於一億元的公司股票（市價算法是以流通在外股數乘以目前股價。）一家有兩千萬股流通在外的股票，其每股股價一．七五元的公司，市價為三千五百萬元，不適合這些基金購買。但該股票若漲到五塊二五，同一家公司便值一億零五百萬元，忽然間便適合購買了。這造成了一個特殊現象：大基金只能在小公司的股票不便宜時才能購買。

也就是說，退休投資組合投資在如一〇%獲利公司、步履維艱公司，以及財星雜誌五百大這些只有百分之十獲利的公司，驚喜是少之又少了。他們必須買IBM、全錄和克萊斯勒，但大概會等到克萊斯勒的營業狀況及股價都復原時才買。許多聲譽甚高的資產管理公司都在克萊斯勒快到谷底（三塊半）時停止追蹤，而直到該股票漲成三十元時才又重新開始加以注意。

難怪有那麼多退休基金經理人無法表現得比指數好，當你請一家銀行代為處理投資事宜，多半只能得到平庸的表現。

我掌管的這類股票型共同基金就沒有那麼多限制，我不必從一份固定的名單上挑股票，也沒有山姆先生在我背後指指點點。這倒不是說富達的上司和老闆不會監看我的表現，或問我具挑戰性的問題，或定期看我的成績。不過，沒有人會告訴我，我必須買全錄，或者我不能買七橡木。

我最大的不便是規模，資產規模愈大的股票型基金，就愈難在競爭中占上風。指望一個九十億元的基金成功的把一個八億元的基金比下去，就好比要籃球高手在腰上纏掛五磅重的東西上場打籃球。大型基金和任何龐然大物一樣，有先天上的不便——體積愈大，移動時所需能量就愈大。

但即使腰纏九十億元，麥哲倫仍然成功的勝過同行，每年都有預言家預測它不能繼續下去，但到目前為止，它還活得好好的。自一九八五年六月起，麥哲倫便成了全美最大的基金，成績勝過百分之九十八的其他股票型共同基金。

這點我必須感謝七橡木、克萊斯勒、塔克鐘、佩波男孩，以及所有的快速成長公司、起死回生公司和冷門企業。我買的股票正是傳統基金經理人刻意忽視的股票。換句話說，我總是儘可能像個業餘投資人一樣的思考。

股市我獨行

你不必像個證券公司那樣投資，如果你像證券公司那樣投資，便注定表現得和它們一樣，而在許多情況下，它們的表現是不太好的。你也無須強迫自己像個業餘投資人那樣思考，如果你已經是個業餘人士的話，不論你是個衝浪好手、卡車司機、高中休學生，或者退休老人，你都已經占了優勢，十壘安打就是這樣來的，遠遠超越華爾街思考範圍之外。

當你投資時，沒有人會在旁邊批評你的各季表現或半年下來的成績，也沒人會追問你為什麼不買IBM，卻買租車代理公司。或許你的另一半或股票經紀人是你必須面對的，但股票經紀人對你的特異選擇只會表示同情，而且他當然不會因為你買七橡木而炒你魷魚——只要你付佣金就沒問題。而另一半（那位對投資大事一無所知的人）讓你繼續犯錯，不是已經顯示出最大的支持了嗎？

（如果你的另一半真的不喜歡你挑的股票，你總能把按月寄來的股票說明藏起來。我並不是鼓勵這種行為，只是提醒你，這是小投資人比股票基金經理多出來的一項選擇。）

你不必花四分之一的清醒時間向同事解釋你為什麼買你買的東西，也沒有任何規則禁止你買r開頭的股票、低於六元的股票，或者特定工業以外的股票。不會有人對你說：「我從沒聽過渥瑪超市。」或「當肯甜甜圈聽起來好怪，洛克斐勒可不會投資甜甜圈。」沒有人會斥責你花十九元買回以前十一元賣出的股票——這很可能是一項非常有道理的做法。專業人員可能不會這麼做，否則他的股市行情電腦大概就要被沒收了。

你不會被迫買一千四百種股票，也不會有人要你把錢分攤在一百種工業上，你可以自由的擁有一種股票、四種股票，或者十種股票。如果沒有一家公司的基本面吸引人，你大可暫時不買股票，等待更好的機會。股票基金經理人就沒有這種福氣，我們不能賣光持股，如果有人這麼做，往往是大家都在拋售，那時不會有人用合適的價格來購買。

最重要的是，你可以在鄰近地區或工作場所發現好機會，比分析師和聽取他們忠告的基金經理人早幾個月甚至幾年得到情報。

但再提一次，也許你根本就不應該涉足股票市場，這是個值得詳談的話題，因為進入股市特別需要堅定信念，意志不堅的人會成為犧牲者。

第三章　這算賭博還是什麼？

「紳士們偏好債券」

——安德魯・梅倫(Andrew Mellon)

經歷過類似前一年（一九八七）十月的股市驚嚇後，有些投資人便躲到債券裏去了。股票對債券這個議題值得拿出來正面交鋒，以冷靜而莊嚴的態度加以解決，否則每回最騷亂的時刻，這個問題便又出現了。每回股市一重挫，人們便匆匆跑到銀行做長期定存，最近就發生過一次這種風潮。

投資債券、貨幣市場或長期定存，都算是以不同形式做債務投資——投資人賺的是利息。拿利息沒什麼不對，尤其是複利，想想曼哈頓的印第安人在一六二六年賣了他們這塊不動產，接手的移民們只付了價值二十四美元的小飾物和珠子。

三百六十多年後，那些印第安人便被當成笑柄，但仔細一算，他們的買賣可能比得到曼哈頓島的買者還合算。

以利率八%來算，二十四元（註：且讓我們異想天開的假設他們把小飾品換成現金）存了近四百年，以複利計算，這些印第安人所得淨值將近三十兆美元，而依據最新的稅收紀錄來看，曼哈頓全島不動產只值兩百八十一億美元。當然，兩百八十一億只是公定價，市價非得加倍不可，那麼算是曼哈頓值五百六十二億元吧，印第安人還是多了二十九兆多元。

當然那些印第安人大概不可能有八%的高利可拿，但讓我們假設一六二六年是有這種利率，美國的移民先驅借款時通常只付較低利率，但假設印第安人有辦法弄到六%的交易，那麼他們今天便有三百四十七億元，而且不必維護任何建築，也不用割中央公園的草。三百年下來，幾個百分點經過複利計算，結果多麼可觀。

不論你怎麼算，這場交易中被認為是欺詐的部分，還頗有商榷之處，投資在放款上還真不錯。

過去二十年來，債券特別具吸引力，也許之前的五十年並不然，但過去二十年卻為之改觀。從歷史上看來，利率絕少離四％太遠，但過去十年來，我們看到長期利率攀升到十六％，再跌回八％，創造了難得的機會。人們在一九八〇年買了二十年期的美國國庫券，便眼看其債券的面值漲了將近一倍，此時他們仍繼續拿著原投資金額的一成六利息。如果你聰明得知道買二十年期的T債券（國庫券），便已經以極大的差距贏過股市了，即使最近的多頭也不是對手。尤有甚者，你這些收穫是在完全不必讀一份研究報告，也不用付一毛錢給經紀人的情況下完成的。

（長期T債券是玩利率最好的方法，因為這種債券不能提早贖回——至少在五年期限內不能。許多不悅的債券投資人已經發現，很多公司和市政債券都能提前贖回，這表示債務人一看情況對他有利，便能立刻贖回。債券持有人在此情況下可就和一個房屋被沒收充公的人一樣毫無選擇。一旦利率回跌，債券投資人便發現他們碰到壞交易了，債券合約頓時取消，他們的錢被郵寄了回來。另一方面，如果利率往不利於債券持有人的方向直走，投資人可又受困其中不能脫身了。

由於公司債券很少有不能提前贖回的，因此你最好買國庫券，才能在利率下跌時保持獲利。）

解放存款簿

過去債券都以大面額單位出售，大到讓小投資人只能透過存款帳戶來投資債券，或買無聊的美國儲蓄券。後來出現了債券基金，一般人便能與大亨一樣做投資。再後來，貨幣市場基金把數以百萬計的前儲戶存款人從銀行的囚禁中解放出來。該給布魯斯·班特（Bruce Bent）和哈瑞·布朗（Harry Browne）豎一面紀念碑，他們膽敢率領大批羣衆走出國庫券市場，在一九七一年創辦了儲備基金。我自己的老闆奈德·詹森，把他們的點子往前再推一步，在貨幣市場帳戶上再加上開支票的特點，過去貨幣市場多半是小型企業暫時存放週薪的地方而已，而能開支票便使貨幣市場基金兼具存款戶和支票戶的功能。

不想把錢放在存款帳戶裏，領一成不變的五%利息，寧可買股票，這是一回事；但捨儲蓄存款帳戶，選擇一個提供最佳短期利率的貨幣市場又是另一回事，這個市場的利率還會跟著一般利率一起立即調高。

如果你的錢自一九七八年起就留在貨幣市場基金裏，自然沒有覺得不好意思的理由，因為你躲過了幾次股市的大跌，你的利率最壞也有六%，而本金則一毛不少。短期利率攀升到十七%那年（一九八一），股票重挫了五%，相形之下，你等於賺了二二%。

道瓊指數自一九八六年九月二十九日的一七七五點暴漲到一九八七年八月二十五日的二，七二二點，假設你一張股票也沒買，而你愈來愈覺得自己笨，竟錯過這種一生一次的機會，不久你甚至不會告訴朋友，你的錢全放在貨幣市場，這比說自己有順手牽羊的習慣還要糗。

但在大崩盤次日，道瓊指數又跌回一，七三八，你覺得有先見之明，避開了十月十九日的大災難。股價如此巨幅下挫，相形之下，貨幣市場全年平均表現比股市要好多了——當年貨幣市場利率有六・一二%，S&P五〇〇指數的漲幅則是五・二五%。

股票反撲

不過，兩個月之後股市便回升了，並且再次贏過貨幣市場基金和長期債券。股市一向如此，從歷史紀錄看來，投資股票不可否認是比投資債券有利得多，事實上，自一九二七年起，一般股票創下了平均年報酬率九・八%的紀錄，企業債券只有五%，政府債券四・四%，國庫債券三・四%。

長期通貨膨脹率依消費者物價指數的估算，一年是三%，這使股票的真正回收率是一年六・八%，而國庫債券這種公認最穩當的存錢所在，真正的回收率其實是零——沒錯，鴨蛋。

股票有九・八%的回收，勝過債券的五%，這聽起來有些微不足道，但我們不妨來看一則金融神話：假如李伯自一九二七年尾開始大睡，一覺六十年，他的兩萬元企業債券以五%複利計算，那麼他醒來時，就有三十七萬三千五百八十四元，夠買一幢公寓、一部富豪汽車，外帶剪一次頭髮；如果他當年投資的是股票，那麼年報酬率為九·八%，他會有五百四十五萬九千七百二十元。（李伯睡著了，所以沒有被一九二九年的大崩盤和一九八七年的大調整嚇得逃出股市。）

如果你在一九二七年分別投資一千元在以下四種項目上，六十年後你會得到如下總額：

國庫券	七，四〇〇元
政府公債	一三，二〇〇元
企業債券	一七，六〇〇元
一般股票	二七二，〇〇〇元

歷經多次崩盤、經濟蕭條、戰亂、不景氣、十位總統內閣，以及無數次的長裙短裙流行風尚，股票還是比企業債券好上十五倍，比起國庫券更強過三十倍！

有一項邏輯可以解釋這個現象，投資股票，公司的成長便是你的成長，你等於是一個欣欣向榮公司的合夥人。而債券卻不然，你不過是個借錢給別人的人而已，能把本金拿回來，再加些利息，已經不能再好了。

想想多年來握有麥當勞債券的人，他們和麥當勞的關係自頭至尾都是還清債務，而這絕非麥當勞有趣的地方。當然債券持有人最後還是把錢拿回來了，就像在銀行做定期存款一樣，但如果當年他們買的是股票，現在都富了，他們會擁有這個公司。你永遠無法在債券上找到十壘安打，除非你是個玩弄拖債債券的高手。

風險如何？

「是喔，」你告訴自己，尤其看到股價剛剛下跌，「風險呢？股票不是比債券的風險高嗎？」股票自然有風險，沒有明文規定股票欠我們什麼，有無數的經驗告訴我這點。

即使長期擁有績優股這麼穩當的投資方式還是有風險。RCA是知名的穩當投資，適合寡婦孤兒倚靠，然而奇異電器在一九八六年以每股六十六塊半把它買下來，價錢和一九六七年差不多，只比一九二九年的高價三八·二五元，上揚七四%。緊抱一家世界知名、有實力的成功公司，五十七年下來所得不到百分之一。伯利恆鋼鐵的股價一直以低於一九五八年的六十元最高價位的價錢出售。

看一看一八九六年的道瓊工業指數表，現在說聽過美國棉花油公司、城堡食品、萊柯德瓦斯公司，或美國衆愛皮革公司嗎？這些一度知名的股票早就消失了。

而自一九一六年的表上，我們看到鮑得溫火車公司，到一九二四年就不見了；一九二五年出現了家喻戶曉的派拉蒙公司和雷蒙頓打字機；一九二七年，雷蒙頓打字機消失，取而代之的是複合藥房，道瓊從二十家公司擴張到三十家時，新加入的有那許汽車（Nash Motors）和派克多留聲機等，後者在一九二九年併入RCA。（你已經看到緊跟著這家公司的結果了。）一九五〇年，我們在名單上看到玉米產品煉油廠，但是到了一九五九年，史威特公司便取而代之。

我要說的是，財富會變動，沒人能保證大公司不會變小，天下也沒有萬無一失的績優股。

如果你挑對股票，卻在錯誤時機以錯誤價錢買進，那麼你還是會元氣大傷。看看一九七二到七四年的股市大崩潰，必治妥公司（Bristol-Myers）從九元跌成四元，提勒丹（Teledyne）從十一元掉到三元，麥當勞從十五元掉到四元。沒有什麼公司是可以做夜間飛行，毫不失誤的。在好時機買錯股票，損失一樣慘重，在某些時候，理論上的九・八%股票獲利似乎永遠沒有實現的時候，道瓊指數在一九六六年達到空前的九九五・一五點，此後便一直在紀錄以下起伏，直到一九七二年才出現另一個高點，然後又得等到一九八二年才又有所突破。

但除了非常短期的債券和債券基金之外，債券一樣有風險。利率調升時，你便得面對一、兩個不愉快的選擇：忍受偏低的利率，直到到期時領出，或者以略低於面值的折扣把債券脫手。如果你真的很怕風險，那麼就留在貨幣市場基金或銀行裏吧，否則，不論哪種投資都有風險的。

州政府債券據說和把錢放進保險箱一樣安全，但拖欠的情況偶爾還是會發生的，別告訴賠錢的人這種債券是安全的。（最知名的拖欠案例是華盛頓公營電力公司及其惡名昭彰的「糟了」債券。）是的，我知道百分之九十九點九的債券沒有這種問題，但除了拖欠之外，在債券上賠錢的可能性還有很多，比方擁有三十年期，利率六%的債券，而正好處於通貨膨脹狂飆的時代，看看最後債券還剩下多少價值。

很多人投資在一些專買政府抵押綜合債券的基金上，對債券市場容易貶值的特性渾然不覺，他們一再受到廣告的安撫——「政府百分之百保證」——不錯，利息一定拿得到，但在利率上揚而債券市場崩潰時，這並不足以保護他們在債券基金裏的股分價值。你不妨在利率調高〇・五個百分點時，翻開報紙的商業版，看看這類基金出了什麼事，你就能明白我的意思。最近的債券基金和股票基金一樣瘋狂飛漲，聰明的投資人在利率上揚時從債券大獲暴利，這也使得投資債券變得更像賭博。

股票和賭博

坦白說，再穩當的投資都難免有賭博的成分，沒有任何存放金錢的地方敢說有絕對的方法可以保證安全，一直到一九二〇年代末，股票才得到「審慎投資」的地位，在此之前，人們都把股票看做酒吧裏打賭的玩意——而此時正是股市價格過高的時候，買股票比做其他投資更像下賭注。

大崩盤之後連著二十年，股票再次被大部分的人看成賭博，一直到一九六〇年代，股票又被當做投資，但那時的股市又還是飆價過高，風險很大。從歷史上看來，股票受擁戴和受排斥可說是輪替發生，人們時而視之為投資，時而視之為賭博，可惜往往都抓錯時機。股票往往在最具風險的時候被當成穩當投資。

多年以來，大公司股票都被視為「投資」，而小公司的股票則是「投機」，然而近年來，小公司股票已變成投資，投機之名已落到期貨和期權頭上。這道評估的標準線一直在改變。

聽到人們說他們的投資是「保守的投機」或「穩當的投機」，我總是覺得很有趣，這些話的意思通常是，他們希望他們在投資，但又擔心他們在賭博。這就像一對情侶彼此尚未認真相待時，總說：「我們常碰面。」

承認金錢與危機不可分的事實，我們便能開始區分賭博與投資，區分方式不是依活動類別（買債券、買股票、賭馬等），而是依技巧、投入程度與企圖心來分。一個賭馬老手對規則和行情瞭若指掌，對他而言，賭馬便像買了共同基金或奇異公司股票一樣可靠。而一個慌張又沈不住氣的股票投資人，老在股市追逐最熱門股票，不斷買進賣出，那麼他在股票上的「投資」所冒的風險，就跟在跑馬場上下注給馬鬃最漂亮，或者騎士穿紫色衣服的馬一樣。

（事實上，對衝動的股票玩家，我有一個建議：忘了華爾街，拿你的錢到賭城去吧，在那些氣氛歡樂的地方，就算輸錢，你至少還能說你玩得很愉快，如果在股票上賠錢，看你的經紀人在辦公室裏走來走去可沒什麼意思。其次，在賽馬場上下錯賭注，你把馬票往地上一扔便了事了，但在股票、期權等處賠錢，你還得和會計師斡旋一陣子，在報稅時節，還得花幾天時間把帳理清。）

對我而言，投資就是賭博，不過你有辦法依自己的主意扭轉局面，不管是大西洋城的賭場、S&P五百大或債券市場都一樣。事實上，股市總是讓我想到撲克牌戲。

在七張牌的史塔德(Stud)牌戲上下賭注，可以讓懂得經營手中牌的人得到非常穩定的長期回收，有四張牌會亮出來，你不但知道自己的牌，也能看到對手的牌，等到第三或第四張牌亮出來之後，顯然誰會贏誰會輸，或者大概沒有輸贏等等態勢便都明朗化了。在華爾街也是如此，有許多信息都是公開的，你只要知道到哪裏找就行了。

問幾家公司幾個問題，你就會知道誰會成長繁榮，誰不會成長繁榮，還有誰是曖昧難解的。你永遠無法確知會發生什麼事，但每個新事件——盈餘暴增，不賺錢的存貨賣掉了，進入新的市場等等——這些都像掀開另一張牌一樣，只要牌面是能增加勝算的東西，你就握住不放。

如果你每個月都玩史塔德牌戲，很快便會發現「常勝軍」是可以預期的，有些人有辦法得到最大的回收，方法是再三小心的計算亮出來的牌。常勝軍在占優勢時提高賭注，情況不妙便早早收手；常敗軍則緊抓殘局不放，期望奇蹟出現，並享受被打敗的驚悚滋味。在牌桌上和華爾街，奇蹟出現的機會只會讓輸的人輸得更慘。

常勝軍也接受偶爾馬失前蹄的事實，接受不幸，繼續努力，有自信以原有的方法再創勝局。在股市成功的人也會接受短期的下挫、損失和意外狀況，巨幅重挫不會把他們嚇得逃出牌局，如果他們好好做了功課，然後買了股票，忽然間，政府簡化了稅則（這幾乎是不可能的），影響了股票公司的生意，投資人會接受事實，開始找下一種股票。他們知道股市不是純科學，也不是西洋棋，沒有絕對的優勢。

如果我的股票十種有七種表現如我所料，我就會很高興。如果六種如我所料，我也感激不盡。十種股票有六種好，已經足以讓華爾街羨豔了。

小心謹慎，股市的風險就可以減小，如果玩得心不在焉（比方買了價錢過高的股票），那麼即使是必治妥或漢斯的股票，一樣能讓你賠錢，我在前面已提到過。有些人以為買了績優股就可以不必負擔觀察股市的需要，於是他們在一陣風潮下賠掉一半的錢，等上八年也補不回來。一九七〇年代初有數百萬的金錢就是這樣一致的追逐價錢過高的機會，結果這些錢很快便流失了。這就讓必治妥和麥當勞變成高風險的投資嗎？出問題的是投資的人。

假如你做了功課，那麼即使把錢投入三浬島核能問題的肇事者——大眾公共事業公司（General Public Utilities）的股票，你所冒的風險比起在錯誤時機投資老字號的凱洛格（Kellogg）食品，簡直算是「保守」的。

為了不讓我岳母查爾斯・霍夫（Charles Hoff）太太的資金做了「冒風險」的投資，我一度建議她買休斯頓工業公司（Houston Industries）這家很「安全」的股票。安全是安全，但這種股票十年下來都在原地不動。我想我應該用她的錢做一點「賭博」，於是給她買了「風險稍高」的愛迪生電力公司，結果股票漲了六倍，如果你追蹤企業基本面，就會了解愛迪生電力公司不算有什麼風險。大贏家往往來自所謂的高風險類股票，這裏的高風險之名多半是投資人冠上的，與這類股票本身未必有關。

對一個能接受不確定性的人而言，投資股票最大的好處就是判斷正確時，可以得到驚人的大獎賞。紐約水牛城的強生圖表公司(Johnson Chart Service)曾做過共同基金獲利統計，結果發現了一項很有趣的關係：基金「風險」愈大，獲利便愈好。如果你在一九六二年投資一萬元在普通的債券基金上，十五年後你會得到三〇一，三三八元；同樣的一萬元放進平衡基金（投資股票與債券），可以得到四四，三四三元；而在成長與收入基金（全買股票），得到的是五三，一五七元；而在高成長基金（也是全買股票）裏，你得到的是七六，五五六元。

看來股市是個值得一賭的地方，只要知道怎麼玩就行了。只要你擁有股票，新的牌便會繼續出現，說到這個，其實投資股票並不像玩七張牌的史塔德牌戲，應該像玩七十張牌的，如果你有十種股票，那麼這七十就要再乘以十。

第四章　通過鏡子的測試

我看一種股票時，不會先問：「奇異公司是個好投資嗎？」就算奇異是個好投資，也不表示你就該買它。除非你先照過鏡子，否則研究財務報告是很無謂的，買任何股票之前，有三件個人問題必須先面對：一、我有房子嗎？二、我缺錢嗎？三、我的個性能讓我在股市成功嗎？股票是一種好投資或壞投資，關鍵在你對上述三個問題的回答，而非你在華爾街日報上讀到的東西。

我有房子嗎？

華爾街會說：「有房子是什麼大事！」投資任何股票之前，你應該先考慮買房子，畢竟房子是每個人都能做的一項好投資。我相信一定有一些例外，比方房子蓋在陰溝上，或者蓋在行情節節下挫的高級社區裏，但九成九的房子都能幫你賺錢。

你聽過朋友或熟人抱怨道：「我是個爛投資人，才會買我這房子」嗎？我猜這種話並不常聽到，數以百萬計的不動產業餘投資人買房子時，都做了明智的抉擇。有些家庭有時被迫遷居，必須賠價求售，但很少有做房地產投資的個人，一幢接一幢的在住宅上賠錢，然而這種事在股票上卻屢見不鮮。做房地產投資的人，也幾乎不可能遇到整個房子消失的問題，早上起來，發現投資目標宣告破產，或者壽終正寢；不幸的是，許多股票都遭到如此厄運。

房地產界的天才會是股市的白痴，這一點也不算意外，房子可完全由屋主掌控，銀行讓你先付兩成甚至更少的頭期款，之後便給你極大的槓桿作用的力量（不錯，你也能以付五成頭期款的方式買股票，在股票這一行裏，這叫「用融資買股票」，但如果這種交易方式買的股票跌價，你就必須拿出更多現金。房子就沒有這種問題，房市下挫時，你無須多付現金，即使這幢房子座落在很糟的地區也一樣。不動產經紀人不會在半夜打電話宣布：「你必須在明天上午十一點之前送兩萬元過來，否則就得賣掉兩間臥室。」而股票投資人買了融資的股票以後，常會被迫賣掉一部分股票。這是擁有房子的另一項優勢。）

基於槓桿原理，你買價值十萬元的房子，只付了兩成的頭期款，房價一年漲五%，那麼你相當於在頭期款上拿到兩成五的回收，而貸款的利息是不必課稅的。把這一套搬到股市，不久你便會比波恩·皮更斯(Boone Pickens)更富有。

錦上添花，你買房子可得到地區不動產稅項的減稅優待，而房子既不受通貨膨脹之害，也是不景氣期間的最佳避難所，更不用說頭上有片瓦的好處了。而最後，你若想賣屋換現金，大可換一幢更豪華的住宅，還可避免課徵增值所得稅。

一般在房屋上獲利的方式大致如下：買一幢小房屋（首次購屋者之屋），接著換中等大小住屋，再換更大的房子，等孩子長大離去，你賣掉大房子，再住回小房子，並在轉手間大賺一筆。這一陣轉換完全不課稅，因為富同情心的聯邦政府提供你一個一輩子的自住房屋轉換免稅優惠。股票就沒這種好事，股票的稅總是課得又多又重。

你可以經營四十年的房子而不必付一點稅，這是政府仁心慈政的最上限。就算你付了一些稅，仍處於低稅類別裏，因此情況也不太壞。

有一句華爾街的老格言：「絕不要投資會吃或得修理的東西。」這適用於賽馬，但談到房子就不通了。

還有一些重要的理由，顯示你在房屋上賺錢，比投資股票容易，你不會因為星期天讀了房地產版的標題：「房價大跌！」就匆匆把房子脫手。報上不會刊載週五下午休市時，你的房子價值為何，也不會把房價打在電視螢光幕底部的字幕上，新聞播報員不會念出十大最活躍住屋——「蘭花路一百號今天下跌一成，鄰近住戶對此下跌現象表示不解。」

房子和股票一樣，想從中獲利，最好長期持有，但跟股票不同的是，房子往往由同一個人持有許多年，我想平均應有七年。相對的，紐約證券交易中的八七％的股票卻是年年易手。人們對房子比對股票放心得多，搬家得動用貨運車，股票脫手卻只需一通電話。

最後，你是房地產的好投資人，因為你知道如何巡察地下室到閣樓的所有空間，並提出適當問題。巡視房屋的技術是學來的，你成長的過程中，看過父母親在公共場所、學校、下水道、衛生管道等處做檢查，也看過他們處理稅務。你記得許多規則，比方「不要買路口那幢高價房屋」，你看得到住處周圍的不同社區，你可以開車在附近走動，看看有什麼新建設，有什麼倒塌毀壞之物，有多少房子必須重建。然後，在你買賣房子之前，你會請專人來檢查有無白蟻、屋頂漏水、生銹的水管、錯置的電路、腐朽的木頭或有裂縫的地板等等。

難怪人們會在不動產上賺錢，而在股票上賠錢，他們花幾個月時間挑選房子，但挑股票卻只花幾分鐘時間。事實上，人們買微波爐所花的時間，都比選股票的時間長。

我缺錢嗎？

這讓我們進入第二個問題，買股票之前，應先看看家裡的預算，比方說，如果你在兩、三年內必須付孩子的大學教育費，暫時請勿把錢放進股市。或許你目前孀居（談股票的書上老有寡婦出現），而你的兒子迪特在念高二，有可能進哈佛，但不太可能拿到獎學金。由於你幾乎無法負擔學費，你希望以投資績優股的方式增加你的資產淨值。

在這個例子裏，即使買績優股都是相當冒險的事，在沒有特殊狀況的情況下，股票未來十年到二十年的走向是比較可以預測的，至於兩、三年內能不能上揚，猜中的機會就像丟銅板一樣。績優股有可能下挫，並在低價位停留三年，甚至五年，因此，如果股市踩到香蕉皮，迪特就得去上夜校了。

也許你是個上了年紀的人，必須靠固定收入生活，或者是個年輕人，不能忍受工作之苦，打算靠家庭資產孳生的固定收入過活。不論如何，你都應該遠離股市。有各種繁複的公式可以計算出你應該放多少資產到股票上，但我有一個簡單的算法，對華爾街和賽馬場一樣適用：

只投資你賠得起的錢，這筆錢如果賠了，在可預見的未來裏，對你的日常生活不應有任何影響，才可投資股市。

我的個性能讓我成功嗎？

這是最重要的一個問題，我認為這張個性清單上該列出的有：耐性、自信、常識、忍受痛苦的能力、開濶的心胸、持久力、彈性、客觀、謙遜、做研究的意願、承認錯誤的意願，以及對普遍性慌亂處之泰然的能力等。談到智商，最好的投資人通常出現在智商最低的十％，以及最高的三％這兩群人之中。對我而言，真正的天才往往沈迷於理論思考中，結果永遠要面對股票真正動態的背叛，股票其實比天才所想像的要單純得多。

還有一點也很重要，那就是在資訊不完備的情況下做決定。華爾街幾乎沒有條理分明的時候，等到事情塵埃落定，已經來不及從中獲利。受過科學訓練的人，事事要求數據完整，在此必定受挫。

而最後，抗拒本性和直覺是很殘忍的事，絕少有投資人沒有秘密的認定自己對股價或金價或利率具有神奇的洞察力，儘管事實一再證明我們是錯的。奇怪的是，每當人們強烈感覺到股票要上漲或經濟要改善時，事實往往朝反方向走。這點在流行的投資諮詢出版品服務上尤其常見，這類出版品抓的多頭和空頭往往時機有誤。

以一份追蹤投資人意見的新聞性刊物「投資人情報」（Investor's Intelligence）為例，一九七二年底，股市大跌前夕，該刊物內提供的資訊卻是空前的樂觀，只有一成五的顧問表示悲觀。而在一九七四年股市重生之始，投資人的情緒空前的低落，六成五的顧問擔心更壞的情況即將出現。一九七七年，股市開始往下跌之前，該刊物的作者又一次表示樂觀，只有一成的悲觀意見。一九八二年是大多頭的開端，五成五的顧問表示悲觀，而在一九八七年十月十九日大調整之前，八成的顧問都認為多頭將至。

問題不是這些顧問和投資人突然變笨或失去洞察力，實在是，他們收到訊號時，信息本身早已經又改變了。當足量的正面金融情報被篩選出來，讓大多數投資人對短期的未來充滿信心，此時經濟狀況早已受到新打擊了。

還有什麼理由可以解釋大量的投資人（包括聰明的生意人和企業總裁）往往在

股市最好的時候對股票最感恐慌（亦即一九三〇年代中到六〇年代末），而在股市最壞時，卻正好最不擔心股票（比方一九七〇年代中，以及一九八七年）。「一九九〇年大蕭條」（The Great Depression of 1990）出書時，是否表示美國繁榮可期？

即使現實沒有改變，投資人的直覺還是很容易得到反證，在十月大崩盤之前一、兩星期，商界人士在亞特蘭大、奧蘭多或芝加哥旅行，都會彼此贊歎：「天，景氣真太好了。」幾天以後，我相信這批商人便對望著同樣的建築說：「老天，這地方有問題，他們打算如何賣掉這些公寓？辦公室又要租給誰呢？」

人類的本性使他們成為非常精明的股市時機預測者，心不在焉的投資人不斷經歷著三種心緒的轉換：關切、自得與投降。投資人關切股市是否下跌，或者經濟是否轉壞，這些情況讓他不肯趁低價買進好公司的股票。在他以較高的價錢買了股票後，他自得的看著股價繼續上揚，此時正是他應該查看一下股價基本面的時刻，但他沒有行動。最後，當他的股票開始下跌，最後跌到買進價格以下，他投降了，心慌意亂的賣掉股票。

有些人想像自己是「長期投資人」，但這個封號只持續到下一次重挫（或小漲），屆時他們很快便成了短期投資人，以大賠或小賺的價錢把股票賣掉。在這個變動不斷的事業裏，人們很容易變得驚惶，我經營的麥哲倫基金在八次大跌勢中，曾跌了一成到三成五，而一九八七年八月那次大崩盤，基金整整重挫四成，十二月又跌了一成一。我們那一年總結下來，還是得到一個百分點的盈餘，終究保住了我從未賠錢的年度紀錄——老天保佑，祝我好運。最近讀到一份資料，指出平均而言，股票在一年裏能有五成的波動，如果這是真的，而由本世紀的實例看來，這顯然是真的，那麼任何目前為五十元的股票，在接下來十二個月內，很可能漲到六十元或（和）跌到四十元，換句話說，今年的高點（六十元）比低點（四十元）要高出五成。如果你是那種在五十元時便不能自己的進場的人，又在六十元時多買了一些（「看吧，我說的沒錯，這玩意兒又漲了。」）然後在四十元時絕望的賣掉（「我想我錯了，這玩意兒跌了。」）那麼任何投資指南或秘笈都幫不了你。

有些人想像自己是個唱反調的，相信他們能以人買我賣、人賣我買的方式獲利，但通常他們會在唱反調的念頭響徹雲霄時才付諸行動，那時反調已成為正調了。

真正唱反調的人並不是專門和熱門股票走相反路線的投資人（亦即，短期脫手大家搶購的股票），真正會唱反調的人會等到局面冷靜下來，買進沒人注意的股票，尤其是華爾街懶得理睬的股票。

「當赫頓（E. F. Hutton）投資公司說話時，大家都洗耳恭聽（譯註：著名廣告詞句）」，但這正是問題所在，大家都應當打瞌睡才對。談到預測股市，其實重要的技巧應該不是傾聽，而是打呼，你該學的不是聽憑你的直覺，而是訓練自己忽略直覺。你應該在基本故事沒改變的情況下，緊握住你的股票不放。

否則，你想增加投資金額的淨值，大概只有跟隨保羅・蓋帝（Paul Getty）談賺大錢的至理名言：「早早起床，辛勤工作，挖到石油。」

第五章　這是個好市場嗎?請別多問

每回我演講之後，在問答的階段裏，總有人會站起來問我，現在是多頭還是空頭，每有一人想知道固特異輪胎(Goodyear Tire)是個有實力的公司，或者現在的股價合不合理時，就有四個人想知道那頭牛（多頭）是否生氣蓬勃的踢踏著，或者大熊（空頭）已經露臉了。我每次都告訴他們，談到預測股市動態，我唯一知道的是，每回我升等，股市就下跌。此話一出，人們又要問我何時會再升官了。

顯然你無須具有預測股市的能力，也能在股票上賺錢，否則我就不可能賺到錢了。我曾經坐在我的股市行情電腦前，看到最糟糕的重挫，如果我的生命是靠這個，我絕不可能預先料中某些結果。一九八七年夏天，我沒有警告任何人，至少沒有警告自己，嚇人的一千點重挫即將來臨。

我並不是唯一不會做預警的人，事實上，如果視而不見喜歡朋伴，那麼我很高興的看到周圍擁擠著大批知名的預言者、前瞻者，以及專家們，都和我一樣沒有看到大禍將至。一位明智的預測專家說：「如果你必須預測，就做得頻繁些。」沒有人打電話通知我十月將有大崩盤，而如果所有宣稱事前曾發出警訊的人都把手上的股票賣掉，那麼這一大羣未卜先知的拋售者大概會讓一千點崩盤更早發生呢。

每年我都和一千多家公司的負責人談話，而我總是免不了會聽到各種挖金人、利率論者、聯邦儲蓄觀察者，以及財務神秘主義者的論調，大都引自報上的文字。數以千計的專家研究超買指標、超賣指標、頭肩曲線、看跌期權—提早贖回率、政府的貨幣供應政策、國外投資，甚至看星相、看橡樹上飛蛾的痕跡等等，但他們還是無法有效的預測市場，就像羅馬帝國皇帝身邊的智士，絞盡腦汁也算不出敵人何時來襲。

同樣的，一九七三到七四年的股市大崩盤也沒有預警，在研究所念書時，我學到的是股市一年漲九％，而自那時起，股市從未有年漲九％的成績，而我至今尚未找到任何可以信賴的來源能告訴我股市的漲幅，或者告訴我股市會漲還是會跌。所有大幅度的上揚與下挫都讓我十分驚異。

由於股市與一般經濟多少有些相關，因此人們想預知股市發展，就像預測通貨膨脹和不景氣，繁榮與衰退，以及利率漲跌一樣。不錯，利率與股市是有一種互動關係存在，但誰能以銀行條例來預言利率的變化呢？全美有六萬名經濟學家，許多人受僱預測不景氣和利率高低，如果他們能連續算對兩次，現在早已是百萬富翁了，可以退休到度假勝地去，天天喝蘭姆酒，釣馬林魚。但就我所知，他們大都還在領薪水工作，這應該已經說明了一件事。誠如一位觀察入微的人士所說，如果世界上所有的經濟學家一個個暴斃，倒不是一件壞事。

好吧，或許不是所有的經濟學者，當然不算讀本書的經濟學者，也不算那些專看股價、存貨清單和送貨車班數，而不管什麼曲線或月亮圓缺的經濟學家。踏實的經濟學家才能深得我心。

另外有個理論是，每五年有一次不景氣，但是到目前為止這並不是真的。我查過憲法，上面沒有規定每五年必須有一次不景氣。當然，我很樂意在不景氣之前得到警告，好讓我調整投資組合，但我預測不景氣的命中率是零。有些人會等待警鈴中止，宣告不景氣的結束或新多頭的到來，問題是，警鈴永遠沒有中止的時候，記住，事情水落石出時往往已經太遲。

一九八一年七月到一九八二年十一月間，共有十六個月的不景氣，這真是我記憶中最可怕的一段時間。敏感的專業人士懷疑他們是否應該去釣魚和打獵，因為不久我們便都將住在樹林裏，收集榛子度日。這段期間我們的失業率高達十四％，通貨膨脹率十五％，最優惠利率高達二〇％，但我一樣沒有預先接到任何電話，給我任何警告。事後很多人都站出來說，他們早就猜到了，只是事前完全沒有人對我提到這件事。

接著在最悲觀的時候，十個投資人有八個發誓我們要回到三〇年代了，這時股市忽然猛烈回升，一下子這個世界都沒問題了。

事後的聰明

不論我們如何推測最新的金融發展，大家似乎都針對才發生過的事做準備，而不是以即將發生的事為準則。這種心理準備的方式，顯示我們根本沒有預見即將發生之事的能力。

十月十九日股市大崩盤前一天，人們開始擔心股市會崩盤，結果果然崩潰了，但我們都存活了下來（雖然沒有人預測該事件會發生），現在我們害怕歷史重演，許多人匆匆逃離股市，以確保下回他們不會像上次那樣災情慘重，這些人錯過了股市回升的機會，等於又蒙受了一次災情。

有個大笑話說，下一次永遠不會像上一次，但我們總不由自主的依上次的狀況來自我武裝。這不禁讓我想到馬雅人的宇宙觀。

在馬雅神話中，宇宙被毀了四次，每一次都給馬雅人極大的教訓，也讓他們更會保護自己——但他們總是依前一次的災情來做自我保護。第一次有大洪水，存活下來的人紛紛遷居到高處的樹林裏，並蓋起甲板和牆壁，把房子蓋在樹上。他們的努力在第二次大難來臨時，頓成泡影，因為第二次大災難是火災。

逃過這一刼的人不再住在樹上，他們跑到離樹林非常遙遠的地方，在大岩石區蓋新房子，房屋就架在岩石間的裂隙上，不久，一次大地震把世界毀了一半。我不大記得第四次災難是什麼——搞不好是個大不景氣——但這些馬雅人又歪打正著了。他們忙著為下一次地震做準備,沒有想到會遇到新災難。

兩千年後的現在,我們依然往過去看,尋找即將到來的威脅的蛛絲馬跡,但誰都不知道新威脅是什麼。不久以前,人們擔心石油會跌到一桶五元以下,因而會出現經濟大蕭條。再早兩年,同一批人擔心油價會漲到每桶一百元以上,因而會出現經濟大蕭條。他們曾擔心貨幣供應量增加太快,現在又擔心銀根緊縮。上回我們為通貨膨脹準備時,來了一次經濟不景氣,到了不景氣的尾聲,我們還在為更不景氣做準備,結果碰上通貨膨脹。

有一天不景氣還會再來,對股市也將有極糟的影響,就像通貨膨脹對股市也有不良影響一樣。或許我執筆時到本書發表的這段期間,不景氣已經出現了,又或許要到一九九〇或九四年才出現,你問我是什麼時候嗎?

雞尾酒理論

如果專業經濟學家不能預測經濟，而專業預言家不能預測市場，那麼業餘投資人的勝算有多少？你已經知道答案了，我在此導出我的「雞尾酒會理論」，這種市場預測理論來自數年以來，我站在客廳中央，靠近飲料檯的地方，傾聽最靠近我的十個人談股票所得的心得。

在一個多頭的第一階段裏——股市走低一陣子了，沒有人想到它還會上揚——人們不談股票。事實上，如果有人問我的職業，而我說：「我負責一個股票共同基金」，他們便禮貌的點點頭走開。如果沒有走開，他們會很快的轉變話題，談選舉、球賽或天氣。不久他們便會和旁邊的牙醫談起牙斑等問題。

十個人都寧可和牙醫談牙斑，而不願意和股票共同基金經理人談股票，顯示股市即將好轉了。

第二階段，我說出我的職業後，新識的朋友流連了一下——告訴我股市有多不穩定——然後才去和牙醫談話。整個雞尾酒會上，談牙斑的人還是比談股票的多，股市自第一階段至今已漲了一成五，但沒什麼人注意。

第三階段，股市比第一階段上揚了三成，許多興趣高昂的人把牙醫丟在一邊，整晚圍繞著我，許多人還悄悄把我拉到一邊，問我該買哪些股票。甚至那位牙醫都問我該買哪些股票，每個人都把錢投進一、兩種股票裏，大家都在談股市。

第四階段，大家再一次擠在我身邊——但這回是為了告訴我該買哪些股票。甚至連牙醫都能推薦三、四種，而接下來幾天，我從報紙上翻看他建議的股票，全都漲了。鄰居也來告訴我該買什麼，而我真希望聽進這些忠告。顯然股市已達頂峰，是往下挫的時候了。

想怎麼用這個理論都行，但別期望我在雞尾酒會理論上下賭注，我不相信預測市場這回事，我只相信買大公司——尤其是被低估的公司，以及（或者）被忽略的公司。不論道瓊工業指數是一千或兩千或三千點，你手上有莫克、馬利歐特（Marriott）和麥當勞的股票，都比過去十年來擁有全錄、伯利恒鋼鐵公司、雅芳（Avon）等公司的股票要吃香，甚至比同一段期間內，把錢放進債券或貨幣市場基金要吃香。

如果你早在一九二五年就買了好公司的股票，並歷經大崩盤和大蕭條而沒有脫手（你必須承認這並非易事），那麼到了一九三六年，你會對結果感到滿意的。

什麼股票市場？

股市應該是沒有時間上的關聯性，如果我能讓你相信這一點，我認為這本書便已達到目的。如果你不相信我，就相信華倫・巴菲特吧，他曾說過：「就我所知，股市是不存在的，它的存在只不過是一個參考，讓我們看到什麼人在做什麼傻事。」

巴菲特將他的柏克夏・海薩威（Berkshire Hathaway）變成一個賺大錢的企業，一九六〇年代間，買一股要七元，同樣的股票今天已經值四千九百元。當時投資兩千元，結果是漲了七百倍，今天總值是一百四十萬元，這讓巴菲特成為一個精彩的投資人。他之所以成為歷來最偉大的投資人，是因為當他認為股價被過度高估時，便將手上所有的股票賣掉，將厚利還給投資合夥人。如此自動把別人付給你繼續管理財務的錢退還原主，在我的經驗中，可說是金融史上獨一無二的事。

我很願意有預測市場的能力，並能預知不景氣，但這是不可能的，因此我很樂意像巴菲特一樣，找尋賺錢的公司。我在市況極差時一樣賺錢，市況好時也賠過錢。許多我找出來的十壘安打公司，都是在市場不好時創下佳績的，塔克鐘在過去兩次不景氣中節節上升。八〇年代間，唯有一九八一年是下挫的，但這正是買德萊弗斯(Dreyfus)的完美時刻，這種股票正從兩元開始往四十元的方向大步邁進，而敝人在下我正好錯過這個二十壘安打的大贏家。

純粹為了抬槓，我們假設你可以絕對確定的預測下一次經濟起飛，你想充分利用你的遠見，因此挑了幾種沖天型股票，那麼你還是得挑對股票，這和沒有預測能力的情況並無兩樣。

如果你知道佛羅里達的房地產即將大盛，而你挑了雷代斯(Radice)來投資，結果會損失九五%。如果你知道電腦業即將興起，於是在功課一點都沒做的情況下，挑了財富系統公司(Fortune Systems)，那麼你便會眼看股價從一九八三年的二十元跌到八四年的兩元不到。如果你在八〇年代初預知航空盛況可期，但買了大衆快遞(People Express)或汎美航空(Pan Am)，對你又有什麼好處？

假設你知道鋼鐵業會好轉，因此你拿了一張鋼鐵股票的名單，貼在飛鏢靶子上，一射射中LTV。這種股票在一九八一到八六年間，自二十六塊半跌到兩塊以下，差不多在同一時期，同一個工業裏的紐可(Nucor)公司則從十元漲到五十元。(我兩種股票都有，為什麼後來我賣了紐可而留住LTV？我大概也擲過飛鏢。)

無數的例子都顯示，選到適當的市場，卻選錯股票，你還是會賠掉一大半的資產。如果你倚賴市場來拉拔你的股票，那還不如搭巴士到大西洋城賭一場。如果你清晨醒來，告訴自己：「我要去買股票，因為我想股市今年會上漲。」然後你最該做的事是把電話線拔掉，並且離證券商愈遠愈好。你想靠股市，其實這是靠不住的。

如果你想找點事來擔心，不妨擔心地毯業的生意是否好轉，或者塔克鐘的新口味反應如何。挑對股票，市場自然會照顧自己。

這倒不是說世上並沒有被高估的市場，但你擔心這個並無道理。當你找不到一家公司的股價是否合理時，或者找不到符合你的其他投資標準的公司，你便知道市場的價位跑得太高了。巴菲特把錢還給客戶，理由是他找不到適合投資的股票，他看了數百家公司，但找不到一家的基本面是合適的。

我唯一需要的一種購買訊號就是找到一家我喜歡的公司。一旦找到，買股票絕不會嫌早或嫌遲。

我希望你從本書第一篇中牢記以下幾個重點：

- 不要高估專業人士的技巧和智慧。
- 善用你已知的東西。
- 尋找尚未被發現，亦未被華爾街認可的機會——那些「雷達掃瞄區以外」的公司。
- 投資股票前，先投資房地產。
- 投資的目標是公司，而非股市。
- 不必在意短期的股價波動。
- 一般股票也能賺大錢。

- 一般股票也能賠大錢。
- 經濟預測全屬無稽之談。
- 預測短期股市動態全屬無稽之談。
- 比起長期債券的回收，長期股票投資的回收不僅遠遠高出許多，也比較可預期。
- 追蹤你持有股票的公司，就像玩一場無止盡的史塔德牌戲。
- 一般股票並非屬於每個人，也並非適合生命中的各個階段。
- 一般人早在專家之前幾年，便看到地方上有意思的公司和產品。
- 敏銳感有助於在股市賺錢。
- 在股市裏，一鳥在手勝過十鳥在林。

第二篇　挑選贏家

在這個部分裏，我們要討論的是如何找出占上風的股票，如何發現最有潛力的投資，如何評估你擁有的股票，以及你能期待在六種不同的股票中得到什麼。

我們還要討論完美公司的特性，應該全力避開的公司的特性，盈利對股票最終的成敗有何重要暗示，研究一種股票時應該問哪些問題，如何監測一個公司的經營狀況，如何得到事實，以及如何評估重要的指標，諸如現金、負債、本益比、獲利高低、帳面價值、股息等等。

第六章　潛近十壘安打

找十壘安打最好的地方是從家附近開始——如果不在後院，就到購物中心找，尤其是你工作的地方。大部分前面提過的十壘安打，如當肯甜甜圈、有限服飾、速霸陸、德萊弗斯、麥當勞、佩波男孩等，最早顯露的成功徵兆，在全美各地數百個地點都可以看到。新英格蘭那位救火員、肯德基炸雞的發源地，俄亥俄州中部的顧客們，還有皮肯雪百貨的人潮等，都有機會在華爾街得到消息以前，說：「太棒了，不知道它的股票如何。」

一般人每年平均有兩、三次碰到這種狀況的機會，有時還會碰到更多次。佩波男孩公司的決策人員、員工、律師、會計師、供貨商，以及為該公司做廣告、海報設計和新加盟的人，甚至該公司的清潔工，都親眼目睹了該公司的成功。數以千計的潛在投資人都得到這個「秘密消息」，更別提數以萬計的顧客了。

在此同時，佩波男孩的員工為該公司買保險時，可能注意到保費上漲了——這是個好的訊息，表示保險業就要復甦了——因此他可能考慮投資保險業。或者佩波男孩的建築商注意到水泥價錢轉硬，這對水泥業者是個好消息。

整個零售與批發鏈上，那些製造、銷售、清理或分析貨物的人，都會遇到無數挑選股票的機會。在找自己的生意上——即共同基金業——推銷員、辦事員、秘書、分析師、會計師、接線生、電腦裝設者等等，大概都不會注意到一九八〇年代早期將共同基金股票往上推的大景氣。

你不必是艾克森石油公司的副總裁，也可以感覺到該公司的生意蒸蒸日上，或看到油價回升。你可能是個搬運工、地質學家、鑽油井工、供貨商、加油站老闆、黑手，或者只是加油站的一個過客。

你不必在柯達上班，一樣能知道日本製的新一代輕便價廉商品，三十五厘米攝影機會讓攝影業復甦，而膠卷生意也會大好。你可以是個膠卷銷售員、攝影店老闆或雇員，或者是個婚禮攝影師，注意到五、六個親友在婚禮上獵取鏡頭，讓你很難搶到好畫面。

你不必是史蒂芬·史匹柏，一樣能知道新的錄影帶租售店會讓派拉蒙等電影公司大大得利。你可以是個演員、臨時演員、導演、替身、律師、領班、化粧師，或者電影院的帶位生，看到連續六星期的人潮在排站票，讓你興起研究歐里恩（Orion）電影公司股票的念頭。

或許你是個老師，而教育委員會選定你任教的學校來測試新的點名器，以節省老師數人頭的時間。我問的第一個問題會是：「點名器是誰做的？」

記得自動數據處理（Automatic Data Processing）公司嗎？它可以為十八萬個中、小型公司處理九百萬份週薪。這是空前的大機會之一：該公司在一九六一年上市，每年都增加盈餘，從未間斷。它最差的成績出現在一九八二到八三年的不景氣期間，許多公司當時都賠錢，它卻賺了一成。

自動數據處理公司聽起來像是我不碰的高科技企業，但實際上這不是電腦公司，它只是用電腦來處理薪資，而高科技的使用者是高科技發展的最大受益者。激烈的競爭壓低了電腦的價位，像自動數據處理這樣的公司便能以較低的價錢買進器材，降低生產成本，增加利潤。

這家踏實的企業悄悄的公開上市，每股只賣六分錢，現在漲到四十元，是個長期下來的六百壘安打。在十月大崩盤之前，它的價格曾高到五十四元。這家公司的現金是負債的兩倍，目前看來並沒有慢下來的樣子。

該公司十八萬客戶公司的員工當然知道自動數據處理公司的成功，而該公司最大和最好的客戶有許多都是證券商，因此半個華爾街都可以知道這個成功故事。我們常常賣力挑選成功的股票，其實成功股票也在賣力的挑選我們。

十壘安打的潰瘍藥

無法想像你這輩子會遇上這樣的機會？如果你已退休，住處離最近的紅綠燈有十哩遠，自己種糧食吃，家裏沒有電視，那麼哪來的機會呢？好吧，也許有一天你得去看醫生吧，比方你得了胃潰瘍，正好接觸史密克林·貝克曼製藥公司（Smith Kline Beckman）。

數以百計的醫生，數以千計的病人，以及上百萬病人的親友都聽過泰加梅

（Tagamet）這種一九七六年上市的藥品，藥劑師天天配藥，送貨員花大半天送這種貨品，也都知道這種藥品。泰加梅對受苦的人而言是一帖靈藥，而對其發明者而言則是個大金礦。

對病人而言，最好的藥品應該一服見效，永除病根，對藥廠而言，病人必須不斷服用的才是好藥。泰加梅屬於後者，這種藥品能解除潰瘍的痛苦，但想維持藥效，則必須持續服用，這使得生產泰加梅的貝克曼製藥廠的股東財源滾滾。該公司股票自一九七七年的七塊半扶搖直上，攀升到一九八七年的七十二元，主要都是泰加梅的功勞。

這些服用者和配藥者比華爾街占優勢，無怪乎有些華爾街專家自己也得了潰瘍——這是個讓人焦慮的行業——但史密克林．貝克曼想必也在他們的投資名單上，因為該藥品是在該公司股票上揚前一年上市的。泰加梅在一九七四年到七六年間進入測試階段，當時的股價從四元漲到七元，而政府一核准該藥品上市，一九七七年的股價便成了十一元，接著一路漲到七十二元（附圖見附錄一）。（註）

如果你錯過泰加梅，還有機會碰到葛蘭素（Glaxo）和它生產的另一種潰瘍藥

——桑塔克(Zantac)。桑塔克在八○年代早期接受測試，一九八三年獲准上市，其受歡迎程度不下於泰加梅，因此也讓葛蘭素大獲其利，一九八三年中，葛蘭素的股票價格是七塊半，一九八七年已漲到三十元。

醫生開藥方時，用了泰加梅和桑塔克這兩種藥，會不會想到買這兩家公司的股票呢？我懷疑有幾個人會這麼做。醫生顯然買了很多石油股票，或許他們聽說加州的聯盟石油(Union Oil)是大公司合併的目標。在此同時，聯盟石油的管理階層可能買了許多藥廠的股票，尤其像美國外科中心(American Surgery Centers)這種熱門股票，可惜它在一九八二年賣十八塊五，以後便一路跌到五分錢。

總之，如果你對所有的醫生做個問卷調查，我敢打賭一定只有一小部投資了醫藥股票，大部分倒買了石油股；而找鞋店老闆做調查，投資太空船的一定比製鞋業的多，倒是太空船工程師還可能買製鞋業股票。為什麼股票和草皮一樣，永遠是別人家的看起來比自家的綠？這點我始終不明白。

也許成功的投資看來都遙不可及，人們不信這種事會發生，因此把它想像成遠方的事件，就像我們認為完美的德行只屬於天堂，不會出現在人間。因此，對藥品業瞭如指掌的醫生卻寧可投資他毫無所知的石油業；而石油公司的經理們倒願意投資製藥或家具公司。

當然，你不一定得了解一家公司，才能期望股票上漲，但重點是：第一，一般說來，石油專家比醫生更有機會確知何時該買賣石油股票；第二，同樣的，醫生也比石油專家更知道何時投資製藥廠最恰當。具有洞察優勢的人總是比不具這種優勢的人更有猜測的勝算——畢竟，局外人往往對一個陌生行業的重要變動毫無所悉，直到最後才得到消息。

石油業人士在證券商的建議下買了史密克林股票，他完全不會了解病人已捨泰加梅而改買另一種潰瘍藥品，直到股價跌了四成，亦即壞消息已使股價「打了折扣」。「打折扣」是華爾街的用詞之一，用來掩飾意外，假裝他們早已預見該發展。

另一方面，石油業人士應最早注意到石油業復甦的跡象，這種復甦會讓石油股票逐漸回漲。

人們買他們一無所知的股票，有可能幸運地得到好成績，但在我看來，這似乎是一種無謂的自找麻煩，就像馬拉松選手決定在速橇賽上賭勝算一樣不智。

雙重優勢

我們談到石油業決策人員和他的專業知識，同一章裏也談到佩波男孩連鎖店裏的顧客對該行業的了解。兩者相提並論是很奇怪的，前者是專業人士對一項工業各細節的理解，後者只是一般顧客對自己喜歡的產品粗淺的概念，不過在挑股票時，兩者卻都能派上用場。

專家的洞察力特別有助於決定何時該買，何時不該買哪些同業股票，這點對所謂的循環工業特別重要。如果你在化學工業工作，那麼你會最早知道哪些產品需求增加，那些產品價格上揚，以及哪種產品存貨量減少等情報。你的職位能讓你知道市場上沒有新的競爭對手，也沒有新的工廠正在興建，而要蓋一個工廠得花兩、三年。這些都顯示了，製造該產品的公司將有厚利湧進。

或者你開了一家固特異輪胎店，三年的平淡生意後，你忽然忙得來不及進貨，此時你等於得到一項強烈暗示：固特異可能要上漲了。你已經知道固特異的新輪胎品質特佳，你打電話給你的經紀人，詢問這家輪胎公司最新的背景資料，而不是坐等證券經紀人打電話來推薦王安電腦。

除非你的工作和電腦有關，否則王安電腦的情報有什麼好？你怎麼可能比數以萬計的其他人知道得更多？你對王安電腦並無洞悉優勢。但是你賣輪胎，做輪胎，運送輪胎，因此對固特異有過人的洞悉優勢。在製造業運鎖線上工作的人，天天製作，銷售特定產品，他們遇到好股票的機會相當多。

不論是服務業、產業保險業、或者出版業，你都能看到景氣回升的跡象；任何產品的買方和賣方都能注意到缺貨和貨品過剩，價格變動和需求的轉移等等。這類消息在汽車業並不太有價值，因為汽車銷售狀況每十天就必須向上呈報一次。華爾街對汽車十分迷戀。不過在其他行業裏，草根觀察員往往能比職業分析師，早半年到一年看到銷售復甦的跡象，這使得他們能早早預期獲利攀升，而獲利正是股價上揚的重要因素。

引起你注意的不一定得是銷售量回升，也可以是你知道的公司有一些隱形的資產，但資產負債表上看不到。你若在不動產業工作，也許會知道某個百貨公司在亞特蘭大市區內擁有四大塊土地，在帳目上只報了南北戰爭以前的地價。這當然是一個隱藏資產，類似的機會有可能出現在黃金、石油、伐木場和電視台。

你尋找的是每股資產值超過每股價格的情況，在此機會下，你真的可以不花什麼錢就買到一堆好東西。我自己就做過幾次這種事。

斯托勒通訊(Storer Communications)及其附屬機構有數千名員工，加上無數在有線電視或電視網工作的人，都可以算出斯托勒的電視和有線財產價值為每股一百元，而其股票只賣三十元。決策人員知道這點，節目策劃也可能猜到，攝影師也會知道，甚至到客戶家接線的工作人員也能猜得到。這些人只要在斯托勒只賣三十、三十五、四十或五十元時買下來，等待華爾街的專家算出真正價值即可。當然，斯托勒在一九八五年末被買走了，價錢是每股九十三塊半——以一九八八年的價位來看，這還算便宜的。

我可以用一整本書的篇幅來談一般選股票的人在一個行業中能得到的優勢，除此之外，還可以加上消費者的洞察力如何有助於挑中小型的快速成長新公司，尤其是零售業。不論是那一種洞察力，最有趣的部分是，你可以在華爾街的正常管道之外，建立你自己的股票搜尋系統，不會像華爾街那樣慢半拍。

我的美妙洞察力

誰能比在下我占更大優勢？在金融服務業和共同基金大興盛期間，我就坐在富達的辦公室裏。這是我彌補錯失裴波沙灘良機的好機會。或許那場競賽的失敗是情有可原的，高爾夫和航行是我的夏日休閒，而共同基金則是我的工作。

我在此工作近二十年，認識了半數以上的大金融服務公司的管理人員，天天看股票漲跌，因此也能在華爾街之前幾個月搶先看到某些重要趨勢。你再處心積慮，也不能像我這麼恰當的安置在八〇年代早期的金礦前收取現金。

印製招股章程的人一定看到同一趨勢了——這些印刷品對共同基金的大量新持股人而言，簡直供不應求。銷售人員也應注意到，他們帶著資料遊走四方，回來好像得到數十億的新資金。維修服務業也應該注意到，因為許多證券投資公司的辦公室都在擴建，出售共同基金的公司生意好得前所未見。證券狂熱正在升起。

富達不是一家上市公司，因此你不能在此匆匆投資，但德萊弗斯呢？想看一張沒有下滑線的圖嗎？它的股票在一九七七年時一股才四毛，到了一九八六年已近四十元，九年間漲了一百倍，大部分的漲幅都在股票極糟的時候出現。富蘭克林（Franklin）漲了一百三十八倍，聯盟（Federated）被安泰（Aetna）買走之前已漲了五十倍。我就在這些事件上面，我知道德萊弗斯的故事和富蘭克林的故事，巨細靡遺。每個細節都是對的，盈餘上升，這點特別顯著（附圖見附錄二）。

我從這些情況中賺進多少？鴨蛋。我沒有買一股任何金融業的股票，德萊弗斯、聯盟和富蘭克林我都沒買。我錯失整場交易，卻渾然不知，直到一切都太晚為止。我猜我大概和那些醫生一樣，忙著想加州的聯盟石油公司吧。

每回看到德萊弗斯的圖，就讓我想到我一直想給你的忠告：投資你知道的東西吧。我們都不應該再讓這樣的機會擦身而過，我沒有再犯錯，一九八七年的市場崩潰，給我買德萊弗斯的第一次機會（詳見第十七章）。

下表是一部分我在麥哲倫掌舵時錯過或脫手太早的十壘安打股票，其中有些讓我小賺，有些則在錯誤時機和胡思亂想的情況下，竟讓我賠了錢。你會注意到這

十壘安打股票的檢視

AA-AAR
Adams-Millis-亞當米勒
Affiliated Publications思源出版
Albertson's亞伯森
Alexander & Baldwin亞歷山大・包溫
Alexander's亞歷山大
Allegheny Corp.亞歷格尼公司
Alza亞薩
American Family美國家庭
American Greetings美國祝辭
American International美國國際
Ames Department Stores愛城百貨
Anheuser-Busch安布希
Automatic Data Processing自動資訊處理
Aydin艾丁
Ball鮑爾
Bard(CR)巴德
Bemis博尼斯
Bergen Brunswig
Betz Labs具茲研究室
Brunswick布朗斯威克
Capital Cities資本城
Carolina Freight卡羅萊納貨運
Carson Pirie Scott卡森P.史谷脫
Carter Wallace卡特瓦拉斯
Chicago Milwaukee芝城米爾瓦基
Chris-Craft克莉絲手工藝
Commercial Metals商業金屬
Community Psychiatric社區精神醫療
Cray Research柯雷研究
Dean Foods主厨食品
Deluxe Check Printers豪華印表機
Dillards迪斯拉百貨
Dow Jones道瓊
Dun & Bradstreet丹及布萊德
EG&G
The GAP蓋普
Geico蓋可
General Cinema通用電影
Giant Food巨人食品
Handleman經手人
Harland (John)哈蘭
Helene Curtis海倫寇帝斯
Hershey Foods賀喜食品
Hillenbrand希冷柏
Hospital Corp. Amer.美國醫院企業
Houghton Mifflin豪頓
Hurmana賀拿
Jostens喬斯登
Emerson Radio艾里生收音機
Ethyl艾絲爾
Figgie International費吉國際公司
First Boston第一波士頓
Flightsafety Intl.飛安國際公司
Flowers富勞爾
Forest Labs花藝研究室
Fuqua Industries富跨工業公司
Limited(The)有限服飾
Liz Claiborne李氏
Lockheed安全鎖
Loews路易斯
Manor Care住宅管理
Marriott馬利歐提
McGraw Hill麥格羅・希爾
Media General媒體電通
Melville梅維爾
Meredith梅爾地
Molex莫里士
Mylan米藍

張依字母順序排列的表上只列到M，這是因為我已經累得寫不下去了。你可以從這張不完整的名單上，想像出股市有多少好機會。

註：我整天都在參考股票圖。我在辦公室伸手可及之處放了一大本股票統計圖長期集册，家裡也放了一本，以便隨時提醒我各種值得記住的事件。

多數人看家庭照片的樂趣，我可以從看這些統計圖上得到。如果我這一生從眼前閃過，我敢打賭其中一定有我的第一個十壘安打——飛虎航空；還有我家人讓我重新發現的蘋果電腦，還有我和我太太度蜜月時帶的拍立得相機。這些都算是比較早期的事了，那時我們得等上一分鐘才能看到照片，而我們兩人都不戴錶，凱洛琳使用她的生物時鐘，以數脈搏的方式量時間。

第七章　得手了，得手了——得到的是什麼？

不論一種股票是從任何管道引發你的注意，都不能當做一項購買訊號，從辦公室、購物中心、你吃的東西、你買的東西等處得到暗示，或從經紀人、岳母，甚至假釋官等人得到消息都一樣。只因為當肯甜甜圈經常客滿，或者雷諾金屬(Reynolds Metals)的鋁製品訂單多得窮於應付，並不表示你就該買這些股票。還早，此時你不過是找到一個故事的開端而已。

事實上，你應該把最早的資料（任何讓你注意到這家公司的東西）視為一件匿名的秘密情報，神奇的出現在你的信箱裏。這會讓你不至於衝動的買下一見鍾情的股票，或者更糟，只因為提供情報者的名氣大就買了，比方：「哈利叔叔都買了，他那麼有錢，一定知道自己在幹什麼。」或者：「哈利叔叔買這種股票，我也買了，因為上回他的情報讓我賺了一倍。」

追蹤故事並不難，頂多花幾個小時就夠了。以下幾章我將告訴你如何進行，以及如何找到最有用的資料來源。

在我看來，你想在股票上成功，做功課是絕不可少的重要工作，其重要性不下於拒受股市短期起伏所動。也許有些人沒有做一點功課，一樣在股市賺到錢，但為什麼要冒不必要的險？**做投資不先做研究，就像玩撲克牌不看牌面一樣。**

不知為什麼，股票分析這整個行業被弄得奧秘而高深，讓一般的謹慎消費者不得不把終身積蓄放在即興的決定上。一對夫妻可能花一個週末研究英美兩地來回機票的價錢，卻沒有花五分鐘做研究，就買了荷蘭航空的股票。

讓我們看看張三這一家，他們自以為是聰明的消費者，連買枕頭套都會先讀標籤，買洗衣粉之前也會比較容量和價錢，他們會比較燈泡的強度，結果他們的存款卻在一次股市大災難裏縮水了。

張三不是會在躺椅上讀「消費者報導」，比較五種品牌的衛生紙的厚度和吸水性嗎？他會小心評估是不是要換個牌子，改用恰明牌(Charmin)衛生紙，但他會花同樣的時間讀製造這種衛生紙公司的年報，然後才投資五千元買這家股票嗎？當然不會，他會先買股票，然後把這家公司的年報丟進垃圾筒。

恰明衛生紙症候羣是非常普遍的病症，但要治好很簡單，只要在挑股票之前，運用買雜貨時所花的心思即可。即使你已經有股票，做做功課還是有用的，因為有些股票也許無法達到你預期的成績。股票種類繁多，表現各不相同，要研究一種股票的故事，你必須做基本區分。

底線是什麼?

前面我提到一九七〇年代最賺錢的新產品有兩種，其一是蕾格斯絲襪，另一種是幫寶適紙尿布，任何有小嬰兒的親友都能了解幫寶適有多流行。紙尿布的包裝上就印了一行字，告訴你，幫寶適乃寶鹼公司(Procter and Gamble)的產品，上節提到的恰明衛生紙也是。這家公司正是我的主張的最佳佐證。

只因為幫寶適的流行，你就應該匆匆跑去買這種股票嗎?除非你已經研究過這家公司的故事，否則不必急。只要五分鐘，你就能發現寶鹼是一家大公司，幫寶適不過做了一部分貢獻而已，這種紙尿布的確讓寶鹼有些改變，但不像蕾格斯對漢斯這樣小規模的公司那麼有影響力。

如果你想知道一家公司的某項產品對其股票的影響，首先應先了解，這項產品的成功對這家公司的財務底線有何效果？我記得一九八八年二月間，消費者對強生公司的一種乳霜麗婷—A（Retin-A）特別熱愛，這種乳霜早在一九七一年便被當做粉刺藥品出售，但醫學研究顯示這種產品對陽光引起的斑點也具有防治效果。報紙很喜歡這個故事，就在頭條標題上稱之為防老面霜，或者「防皺紋聖品」，你會以為強生公司發現了青春泉。

結果如何呢？強生公司的股票在兩天之內（一九八八年一月廿一、廿二兩天）跳到每股八元，為該公司添增了十四億美元的額外市場價值。這一片熱賣聲中，買股票的人一定忘了去注意麗婷—A前一年只為強生公司增加三千萬元的銷售額，而該公司仍須面對聯邦食品藥物管理局對該產品的複查。

再舉一個同樣在當時發生的事，不過投資人這回做了功課。有一項醫學研究指出，每隔一天服用一片阿司匹靈，可減少罹患心臟病的機會，這項研究是以必治妥的百服寧為實驗品，但該公司股價不為所動，只漲了五毛錢，變成四十二塊多。很多人大概都知道百服寧在美國國內的銷售狀況，去年只有七千五百萬元，占該公司五十三億美元總銷售量的一．五％而已。

拜爾牌的阿司匹靈市況較好，其製造公司是史特靈藥品公司（Sterling Drug），後來該公司被柯達公司買下。史特靈的阿司匹靈占其總銷售額的六．五％，但利潤則占了一五％，這是該公司最有利可圖的一項產品。

大公司，小變動

公司大小與你是否能把股票脫手有很大的關係，你坐收利息的公司有多大？特定產品或許暢銷，大公司的股票通常卻很少有大變動，在某些情況裏，這類股票表現不壞，但只有在較小的公司，你才能得到最大的變動。你不可能買了可口可樂之類的股票，而期望你的錢在兩年內漲四倍。如果你以適當的價錢買了可口可樂，那麼六年內漲三倍是可能的，但別想在兩年內大賺。

寶鹼或可口可樂沒什麼問題，事實上最近這兩家公司表現都不錯，但你必須知道這些是大公司，因此你不該有不切實際的期望。

有時候一連串的不幸會讓一家大公司陷入困境，而復原之後，股票會有大幅變動。克萊斯勒變動甚大，福特和伯利恆鋼鐵也是，柏林頓·諾森（Burlington Northern）不景氣時，股價從十二元掉到六元，後來回升到七十元。但這些算是不尋常狀況，屬於起死回生的類別，在一般的企業發展過程中，百億元大企業如克萊斯勒或柏林頓·諾森，杜邦或道氏化學公司（Dow Chemical），寶鹼或可口可樂等，都很難成為十疊安打的快速成長公司。

像奇異公司這種規模，想在可預見的未來膨脹兩、三倍，幾乎是不可能的。奇異已經大得占全美總生產毛額的百分之一，你每花一元，奇異就得到將近一分錢，想想看，美國消費者一年要花上幾兆元，而每一塊錢裏就有一分錢跑到奇異提供的產品或服務裏（燈泡、電器、保險、NBC電視企業等）。

這是一家沒有犯錯的公司，產品實用，成本降低，新產品開發成功，懂得出清存貨，會躲開吃人的電腦業（很快就把它的錯誤賣給了哈尼維公司〈Honeywell〉。儘管如此，這家公司的股票只是一點一點上漲，這不是它的錯，奇異的規模實在太大。

奇異有九億股股票，市價總值為三百九十億美元，年收益超過三十億元，光憑這一項便足以名列財星雜誌五百大企業。奇異公司若加速成長，非得拿下全世界的市場不可，而快速成長能促進股票的價格上揚，這就難怪奇異只能慢慢成長，不像拉昆塔汽車旅館那樣迅速上衝。

在其他條件都一樣的情況下，小公司的表現通常會比較好。七、八〇年代間，皮肯雪零售店比席爾斯的表現更好，雖然兩家都是零售連鎖公司。現在廢棄物管理公司(Waste Management)是一家數百億元的大公司，但其成長很可能落在廢棄物處理業的新近快速成長公司之後。鋼鐵業最近景氣復甦，紐可公司的持股人便比美國鋼鐵公司(U.S Steel，現名為USX)獲利更豐。藥品工業剛復甦時，史密克林·貝克曼的成績便勝過規模較大的美國家庭製藥廠。

六種股票類別

我首先界定一家公司在其同業間的相對規模大小，接下來我會將它歸入適當的股票類別。股票通常可分為六類：緩慢成長類、穩定類、快速成長類、循環類、資產類，以及起死回生類。為股票分類的方式就和股票經紀商一樣多，但我發現這六種股票類別足以涵蓋任何投資人區分股票差異之所需。

國家有國民生產毛額，工業有成長率，個別公司也是一樣，對任何公司而言，所謂「成長」，就是指今年做的某種事物（製造汽車、擦鞋、賣漢堡等）比去年多。艾森豪總統曾經說過：「事情看起來比過去任何時候都要像樣。」這是經濟成長一個相當好的定義。

追蹤企業的成長率這項工作本身已自成一種企業，有無數的圖、表和比較方式可供參考。對個別的公司而言，成長率有些曖昧，它可以是銷售成長、利潤成長、盈餘成長等等，不過，當你聽到「成長公司」時，你可以認定這是個正在擴充的公司，每年的銷售額、產品和利潤都有所增加。

公司的成長與經濟成長大致成正比，緩慢成長公司可以想見是成長得很緩慢的，大約與一國的國民生產毛額的成長速度差不多，平均一年約為百分之三；快速成長公司則成長快速，一年成長兩、三成甚至更高，這類股票最有利可圖。

六類股票中有三類與成長有關，我把它們區分為緩慢成長、穩定成長與快速成長三類——後者是最值得注意的超級股票。

緩慢成長股

通常規模不小的老字號公司都會比國民生產毛額的成長率快一點點，這類公司並非一開始便緩慢成長，通常它們開始時也成長得很快，然後逐漸慢下來，原因不是長得夠大了，就是累得無法把握商機。當一個工業的成長慢下來（這是很自然的事），該領域內的公司也會跟著喪失動力。

電力公司是當今最受歡迎的緩慢成長公司，但在一九五〇到六〇年代間，電力公司是快速成長公司，成長率是國民生產毛額的兩倍以上，電力公司都是成功企業，股票都是精彩股票。人們裝設冷氣機，買大型冰箱，電費節節上漲，使得發電成為一種高成長工業，而大電力公司，尤其位在美國南方陽光帶的公司，成長率都在二位數。一九七〇年代的能源成本高漲，消費者學會節約用電，發電業便失去成長動力了。

每一種受歡迎的快速成長工業遲早都會變成緩慢成長工業，而無數的分析師和預言者都一再被愚弄。人們往往以為事情永遠不會改變，但顯然並非如此。阿柯亞(Alcoa)公司一度享有如蘋果電腦的盛名，因為煉鋁業曾是一種快速成長工業；二〇年代的鐵路業成長極為快速，而華特·克萊斯勒(Walter Chrysler)離開鐵路業去開設汽車製造廠時，他的收入減少了許多，人們告訴他：「這可不是鐵路業啊，克萊斯勒先生。」

後來汽車成了快速成長工業，然後是鋼鐵業，接著是化學品製造業，再來是發電業，然後是電腦業。現在連電腦業都慢下來了，至少大電腦系統和小型電腦零件的部分是如此。IBM和迪吉多(Digital)很可能是明日的緩慢成長公司。

從股票圖上很容易就能辨識出緩慢成長股，這種統計圖可以向證券經紀商索取，或者在各地圖書館翻閱。緩慢成長公司如休斯頓工業，股票圖看起來像德拉威(Delaware)的地形圖，幾乎完全沒有山陵起伏。相形之下，渥瑪超市的股票圖看起來就像火箭起飛，這顯然絕非一家緩慢成長的公司（附圖見附錄三、四）。

確認緩慢成長公司的另一要素是，這類公司付固定的豐厚股息，我在第十三章會更深入的說明這點，公司想不出新的投資擴展招數時，便會付豐厚的股息。公司的管理階層通常寧可擴充企業，這對他們更為有利，付股息是呆板、缺乏想像力的。

這倒不是說付股息是錯的，在很多情況下，這可能是消化盈餘最好的方式。（請參閱十三章。）

我的投資組合名單上很少看到成長率為百分之三或四的公司，因為一家公司不能向前快速移動，其股價便會停滯不前。如果盈餘的成長是公司致富之道，那麼把時間浪費在原地踏步的公司有什麼意義呢？

穩定成長股

可口可樂、必治妥、寶鹼、貝爾電話公司的姐妹公司賀喜公司（Hershey's）等等，都屬於穩定成長型公司。這些百億資金大公司的確是緩緩向上爬升，但速度比緩慢成長公司快多了。看看寶鹼的股票圖（附圖見附錄五），上面的曲線不像德拉威那麼平，但也不是聖母峰。穩定型股票圖比較像小山陵區，盈餘的年成長率在一成到一成二之間。

你有可能在穩定成長股上賺大錢，端看你買進的時機和價錢。從寶鹼的圖上可以看出，這種股票一直到一九八〇年代都有良好表現，然而你若是在一九六三年買進，那麼你的錢不過漲了四倍而已。守著一種股票二十五年，只得到這種回饋，實在不是什麼值得期待的事——這比買債券或貨幣基金的收穫好不了多少。

事實上，任何人吹噓他在穩定成長股上賺了兩、三倍，你應該問他：「這耗了多長的時間？」在許多情況下，持股人保有股票所冒的風險是最後所得的獲利多寡，不過這種險冒得毫不吃力。

自一九八〇年至今，穩定成長公司一直是股市的優秀分子，但不是明星，這類公司多半很大，而想讓可口可樂或必治妥變成十壘安打並不容易，因此如果你擁有穩定成長型股票，而一、兩年間漲了五成，你或許該覺得夠了，認真考慮脫手。你想你能從高露潔(Colgate-Palmolive)公司榨出多少油水？你無法靠這種股票成為百萬富翁，只有速霸陸之流才有可能，除非有什麼意料不到的新發展出現。

在正常情況下，高露潔這類公司兩年能成長五〇%，你就該心滿意足了，穩定成長型股票一有利潤，你就該考慮見好即收。這類股票我通常在賺了百分之三十到五十時就賣掉，然後找另一家尚未被關照的穩定成長股，如法炮製一番。

我的投資組合裏通常都會保留一些穩定成長股，以便在不景氣的時候給我一些保障。在一九八一到八二年間，美國經濟即將崩潰，股市也跟著垮下來，那時必治妥維持在原地(附圖見附錄六)。該公司在一九七三到七四年間的表現就沒怎麼樣，不過那次大災難沒有一家公司倖免，再說，該公司的股價當時實在偏高。一般說來，必治妥和家樂氏食品、可口可樂、3M公司、寶鹼等等，都是危險時刻的好朋友，你知道它們不會破產，很快的，他們便會重新出發，價位也很快重建回來。

必治妥二十年來只有一季下挫，家樂氏三十年來從無下挫紀錄，這家公司能活過不景氣並非意外，不論世界變得多麼糟，早餐的玉米脆片總是要吃的，人們會取消旅行，暫緩購買新車，少買幾件衣服，不買昂貴的飾物，少去餐廳吃龍蝦大餐，但玉米脆片的消耗量還是一樣大。也許人們還多吃點早餐，午、晚餐吃的精簡些。

不景氣期間，狗食的消耗量也沒有減少，因此雷斯頓公司(Ralston Purina)的股票也很安全，事實上，我寫這本書時，我的同事都紛紛搶購家樂氏和雷斯頓股票，因為他們害怕不景氣又要開始了。

快速成長股

這是我最喜歡的投資目標：小型新興企業，年成長率達兩成到兩成半，只要小心選擇，這裡正是十到四十壘安打之所在，甚至是兩百壘安打的出生地。如果你的投資組合不大，而其中涵括了一、兩種這項股票，你的事業便可以飛黃騰達。

快速成長公司不一定屬於快速成長工業，我寧可不要它在快速成長工業裏。(詳情請看第八章）這種公司只要在緩慢成長工業中找到一個空間即可，啤酒是緩慢成長業，但是安赫梭・布許(Anheuser-Busch)卻是一家快速成長公司，它拿下市場占有率，誘導消費者放棄其他品牌，改喝它的產品。旅館業年成長率為二%，但馬利歐特有辦法在過去十年間搶下很大一部分的市場，成長率可達到一年二〇%。

塔克鐘也是一樣，在速食業中嶄露頭角，百貨業的渥瑪超市、服裝零售業的蓋普等也都如此。這些一夕成名的公司在一個地方抓到成功的秘訣，便在各城市、各購物中心大量如法炮製，新市場的擴增造成盈餘暴漲的現象，股價自然也跟著節節上揚。

快速成長公司有許多風險，尤其是新興公司，往往擴張太快而資金不足。資金不足的公司一出狀況，結果往往會走上破產之路。其次，華爾街對發展到極點後，成長速度慢下來的公司，可說毫不留情，快速成長公司一旦變成緩慢成長公司，股價往往也跟著下挫。

我前面提到發電業如何從快速成長業變成緩慢成長業，塑膠業在一九六〇年代也是一種高成長工業，道氏化學品製造公司也投入塑膠業中，業績成長驚人，幾年下來一直被視為快速成長公司；後來成長速度慢了下來，道氏成了一家樸實的化學品公司，舉步維艱，頗有循環股的色彩。

煉鋁業到了一九六〇年代仍然是一門快速成長的工業，地毯業也是，然而一個行業一旦成熟，該行業的公司便只能跟著國民生長毛額的成長速率走，股票市場於是開始打呵欠了。

因此，小型快速成長公司有消失之虞，大型快速成長公司慢下來時，便有股份大貶的風險。一旦快速成長公司變得太大，就會面臨小人國遊記的主角格列佛的困境——沒有伸展的空間。

然而只要能保持速度，快速成長公司就是股市的大贏家，我專門找資產負債表健全，利潤也豐厚的公司。訣竅是推斷出這些公司何時停止成長，以及這種成長需花多少錢。

循環股

循環股是指公司的業績和利潤呈規律起伏，幾乎可以預測。成長工業的生意不斷擴張，而循環工業會擴張、收縮，再擴張，再收縮。

汽車公司、航空公司、輪胎公司、鋼鐵廠，以及化學廠等，都屬循環股公司。甚至國防工業也像循環股類，因其利潤會隨不同內閣的政治動向而變動。美國航空公司的母公司AMR企業，就是一種循環股，福特汽車也是，這可以從統計圖上看出來。循環股的統計圖看起來像測謊器的記錄圖，或者像阿爾卑斯山脈的地圖，與前面所提的德拉威式緩慢成長股的統計圖明顯不同。

循環股走出不景氣，進入經濟繁榮期時，股價上揚的幅度往往高過穩定成長型股票。這是可以理解的，因為經濟復甦時，人們會買汽車，也會較常搭飛機旅行，鋼鐵和化學品的需求量也會增加。等到經濟往另一個方向走，循環股便首當其衝，持股人也跟著受害。而如果你在錯誤時機買了循環股，短時間內賠掉一半的資金是很可能的，等待下一波循環的上揚時機，有時得耗上數年時間。

循環股是各類股票中最常被誤解的一類，心不在焉的投資人很容易在此栽跟頭，而且都栽在他認為最安全的股票上。大循環股多半是家喻戶曉的大公司，因此很容易被當成可靠的穩定成長股。福特汽車是一種績優股，因此人們會認定它的表現應類似必治妥，因為後者也是一種績優股（附圖見附錄七）。然而這和事實相去太遠了，福特的股票隨該公司在不同景氣下的賺賠狀況做巨幅起落變動。像必治妥這種穩定成長股，如果在市場看壞或國家經濟衰退時會丟掉一半的面值，那麼像福特這種循環股恐怕就要跌掉八成了。八〇年代初，福特就發生過這種事，由此可見擁有福特股票和擁有必治妥是不同的。

循環股最需把握時機，你必須能夠偵測出生意好轉或惡化的預兆，如果你的工作與鋼鐵、鋁、航空、汽車等行業有關，那麼你便占了優勢，這類股票比什麼都需要洞察先機。

起死回生股

起死回生股曾被打敗，陷入低潮，並且費盡力氣才避開破產的命運。這可不是緩慢成長股，這類股票毫無成長，也沒有循環可以週而復始；這類股票是有可能完蛋的公司，如克萊斯勒。事實上，克萊斯勒曾經是循環股，但在一次往下走的循環中走得太低，人們以為它不會循環回來了，管理不善的循環股一不小心就會遇上克萊斯勒遭遇過的麻煩，更糟的還會像福特。

賓州中央鐵路(Penn Central)破產案是華爾街所見最大的災難之一，這家績優股，這家老字號公司、實力派企業居然會垮，這就像華盛頓大橋倒塌一樣令人難以置信，並且毫無準備，一整世代的投資人都為之信心動搖。不過，危機中再次出現轉機，該公司演出一場完美的起死回生。

起死回生的公司可以很快的收復失地，克萊斯勒、福特、賓州中央鐵路、大眾公共事業，以及其他無數公司都是明證。投資起死回生公司最大的好處是，如果成功的存活下來，這類股票的漲跌與一般市場幾乎可說毫無關係。

我買了克萊斯勒，為我的持股客戶賺了不少錢，一九八二年早期買進時，價錢是六元，不到兩年就看著它漲了五倍，五年後更大漲了十五倍。有一段時間我把五％的基金投資到克萊斯勒，雖然其他股票爬升得更高，但沒有任何一種股票像克萊斯勒的影響這麼大，因為我的基金從來沒有以這麼高的比例持有一個漲幅這麼大的股票。我當時並非以谷底價買克萊斯勒，卻也能有此成績！

更大膽的克萊斯勒支持者以一塊半買下這種股票，結果得到一個三十二壘安打。克萊斯勒算是一件喜劇事件，洛克希德(Lockhecd)也是，一九七三年該公司股票只值一元，甚至在政府保釋了這家公司，一九七七年的股價也只有四元，但在一九八六年就大漲到六十元。我倒錯過了洛克希德這家公司。

我從克萊斯勒和賓州中央鐵路的東山再起中得到巨大的利潤，規模較大的公司可以讓我大買一通，足以對我的基金產生看得見的影響。

回生乏術的公司有多少，只能向記憶裏搜尋，因為它們早已從S&P名單、統計圖冊以及股票商的記錄上除名，此後再也聽不到它們的名字。我可以列出長長的一張想起死回生卻沒有成功的公司名單，不過想到這項工作就讓人頭痛。

雖然如此，偶爾有一個成功的案例，便讓起死回生成為非常讓人興奮，非常值得的投資。

起死回生股的類別很多，我全都買過，比方克萊斯勒或洛克希德之類「拉我們一把」的，全靠政府貸款保證來度過難關；有「誰能料到」型的，比方愛迪生公司，誰能料到公共事業股也能讓人賠這麼多錢？一九七四年股價從十元一路跌到三元；誰又能料到，到了一九八七年，股價從三元直飆到五十二元？

還有「出了我們沒料到的小問題」類的起死回生股，三浬島事件就是個例子，這是個幸而沒有擴大的小悲劇，而小悲劇往往蘊藏了大機會。我在大衆公用事業上賺了不少錢，任何人都能在這個三浬島擁有者的股票上賺到錢，你只須耐心等待，注意新聞，但冷眼旁觀即可。

核能廠在一九七九年發生爐心熔化的意外之後，情況已逐漸穩定下來，一九八五年，大衆公共事業公司宣稱他們將啟用另一座反應爐，這座姊妹爐在事件發生後便遭到關閉的命運，但爐身完全沒有受到影響。重啟生產線對股票是有利的，尤其是其他公共事業單位同意分攤三浬島善後工作的費用，更是一件好消息。你幾乎有七年的時間可以買股票，等待局面穩定下來，所有的好消息一一展現。一九八○年的股價低到三塊半不到，到了一九八五年末，你還能用十五元買一股，然後看著股票攀升到一九八八年十月的三十八元。

我會留神避開不可收拾的悲劇，比方卡拜聯盟(Union Carbide)的工廠在印度造成的大災難，那次化學毒氣外洩究竟造成多少萬人的死亡，毀掉多少個家庭，至今仍是個不解之謎。我投資了試圖起死回生的瓊斯・曼維(Johns-Manville)，但隨即明白那家公司的負債高過預期，便在小賠的情況下脫手了。

還有一類起死回生股屬於「破產公司內的完美公司」，比方玩具反斗城，它順利的脫離了原來的母公司——州內百貨公司(Interstate Department Stores)，結果大漲了五十七倍。

賓州鐵路屬於「重建以增大持股價值」類，華爾街近來特別偏愛重建類股票，任何決策人士提到重建，便能得到持股人的一陣掌聲。所謂重建，是指擺脫一些不賺錢的部分，這些附屬單位也許一開始就不該存在。當初買進這些附屬品也曾得到掌聲，現在實施資產棄除的措施，我稱之為「免惡化行動」。

有關免惡化行動，稍後我還會做更多說明——大都不是好話。唯一正面的一點是，有些公司棄除不必要的部分之後，規模變得非常小，但卻是起死回生的未來人選。固特異現在東山再起了，它已擺脫石油業，賣掉生意不佳的附屬單位，重新投入它最拿手的行業：塑造輪胎。莫克也放棄了許多分散力量的小部門，全力應付它的處方用藥，目前該公司已有新藥在接受測試，另有兩種產品已得到食品藥物管理局的許可，盈餘又開始增加了。

資產類

這種公司擁有你知道的某種值錢的東西，但華爾街的人羣卻忽略了，有那麼多分析師和企業雷達到處偵測，華爾街似乎不可能忽略任何資產才對，但請你相信我，是有百密一疏的地方。資產類股正是地方人士可以大發利市的地方。

這項資產可能就是一堆現金，有時是不動產。我提到過裴波海灘是一場很好的資產遊戲，理由如下：一九七六年末，其股價是十四塊半，共有一百七十萬股，這表示整個公司的價值只有兩千五百萬元。不到三年（一九七九年五月），二十世紀福斯公司以七千兩百萬元買下裴波海灘，相當於一股四十二塊半。尤有甚者，買了這家公司隔日，福斯公司轉手賣掉了裴波的墓場——這是該公司的衆多資產之一——價錢是三千萬元。換句話說，一塊墓地竟比整個公司在一九七六年的總價還高。那些投資人不花一文錢，就得到德爾蒙特森林(Del Monte Forest)和蒙特瑞半島(Monterey Peninsula)上兩千七百公頃的土地，外加三百年老樹和旅館，以及兩座高爾夫球場。

裴波海灘算是場外交易的股票，紐霍土地農場公司(Newhall Land and Farming)則在紐約證券交易中心公開銷售，並且在衆目睽睽之下漲了二十倍。該公司有兩項重要財產：舊金山灣區的柯威爾農場(Cowell Ranch)和位在洛杉磯市區以北三十哩處、更大更有價值的紐霍大農場，該農場還包含一個計畫社區，裏面有休閒公園、一座工業——辦公大樓，並且正在興建購物中心。

數以萬計的加州人天天開車經過紐霍農場，保險業者、抵押貸款業者以及不動產業者，只要處理過紐霍的業務，應該都知道該公司的產業在加州升值的狀況。有多少人住在紐霍農場附近，比華爾街的分析師早多少年就目睹了該公司土地增值帶來的暴利？又有多少人因而考慮購買紐霍的股票，坐享七〇年代早期至今的二十倍漲幅？如果在一九八〇年才買股票，現在也漲了四倍。如果我住在加州，一定不會錯過它，至少我希望不會。

我曾經造訪佛羅里達一家叫阿利可（Alico）的養牛公司，該公司座落在一個叫拉貝爾（La Belle）的小鎮上，到處只見灌木叢和棕櫚樹，幾頭牛在草地上遊蕩，二十來個阿利可的雇員狀甚悠閒。這不是個讓人興奮的公司，除非你能在二十元時買了它的股票，等到十年後，光是土地就讓它漲到一股兩百元。有個聰明人叫葛里芬（Ben Hill Griffin, Jr.），他不停的買阿利可的股票，然後坐等華爾街注意這家公司，想必現在他已經大富了。

許多鐵路公司都握有大量的土地，這可以追溯到十九世紀時，政府把大半個國家送給了鐵路大亨，請他們來開發國土，這些公司有採油權、開礦權，以及伐木權。

金屬礦、石油、報紙、電視台、新開發藥品，甚至公司的損失，都可能是資產，賓州中央鐵路就是個例子，該公司從破產命運中走出來以後，得到巨大的抵稅優惠，這表示它開始賺錢時，暫時可以不必繳稅，當時的企業稅率高達五〇％，因此賓州中央鐵路再出發時，便帶著五〇％的免稅優勢。

賓州中央鐵路終究可能是一家資產遊戲公司，它什麼都有：虧損抵稅優惠、現金、佛羅里達的大片土地，其他地方的土地、西維吉尼亞的煤礦，以及曼哈頓的廣播權。任何和這家公司有關的人都可以想到，它的股票值得一買。這種股票後來漲了八倍。

目前我看好自由公司（Liberty Corp.），這是一家保險公司，光是它的電視台就比我目前花的價錢要值得多，你發現電視台值一股三十元，而該公司的股價正是一股三十元，那麼你可以拿出計算機，算算三十減三十，結果正是你投資一個有價值的保險業所花的費用——零。

我真希望多買一些電訊公司（Telecommunications, Inc.）的股票，這家有線電視台在一九七七年時一股只賣一毛二，十年之後漲到三十一元，兩百五十倍的漲幅！我只買了一點點股分，因為我不清楚全美最大的有線電視的資產有何價值。該公司的盈餘不佳，債務令人擔憂，但其資產（有線電視用戶）早已足夠彌補這些負面情況。所有和有線電視有一點關係的人都可以知道這點，我應該也可能知道。

可惜的是，我一直沒有重視有線電視業，雖然富達的莫理斯·史密斯（Morris Smith）不時敲著桌子勸我多買一點，他當然是對的——理由如下。

十五年前，每戶有線電視用戶對有線業者而言，價值是兩百元，十年前漲成了四百，五年前是一千元，現在則值兩千二了。這個行業的人眼看著這項數據不斷往上爬，因此這不是什麼機密。電訊公司有數百萬用戶，其資產之巨大可想而知。

我想我會錯過這個機會，是因為有線電視一直到一九八六年才出現在我住的山城鎮，我家到一九八七年才裝設，因此我並沒有本錢從一開始就欣賞這門企業。別人應該跟我提過，但這就像有人告訴你他的盲目約會經驗一樣，除非你親身經歷，否則實在不痛不癢。

如果我注意到小女兒貝絲多麼著迷於廸士尼頻道，大女兒瑪莉多麼愛看MT

V，凱洛琳常看老電影，而我愛看CNN新聞台和運動頻道，那麼我應該了解、有線電視就和水電一樣不可或缺了。分析公司和市場趨勢時，個人經驗實在是再重要不過的資訊來源了。

資產的機會到處可見，當然，擁有資產的公司必須知道如何加以運用，弄明白這一點之後，你需要的只是耐性而已。

高飛與低騎

公司不會永遠停留在一個類別裏，這些年來我一直在觀察股票，眼看著數百種股票從某一類變換到另一類，快速成長公司先是大幅成長，然後耗盡精力，就像人一樣，它們不能永遠保持兩位數的成長率，不久便會慢下來，停留在比較舒適的個位數緩慢或穩定成長。我看到這種事情發生在地毯業和塑膠業，計算機業和電腦磁碟片業，保健業和電腦業等。從道氏化學公司到譚巴電器公司（Tampa Electric），高飛了十數年的公司在接下來另一個十年卻成了土撥鼠。相反的，史達普卻從慢速成長公司變成快速成長公司，是個不尋常的反例。

先進微波器材公司（Advanced Micro Devices）和德州儀器公司一度是快速成長公司，現在卻成了循環類。循環類企業若有嚴重的財務問題，倒下之後再捲土重來，便成了起死回生類。克萊斯勒一度是傳統的循環類公司，後來幾乎破產，便成了起死回生類，然後又回復到循環類。LTV是一家循環類鋼鐵公司，現在它成了起死回生類。

成長公司受不了繁榮興盛的，會愚蠢的棄除部分資產，惡化經營，變得不討人喜歡，慢慢往起死回生類走去。快速成長類不可避免的會慢下來，而股價也跟著下跌，直到識貨的投資人發現這類公司擁有許多不動產，而且有許多資產。看看許多百貨業，只因為選在黃金地段蓋百貨公司，又擁有自己的購物中心，因此被大公司收購，麥當勞是一家最經典的快速成長公司，但由於該公司自己擁有數千家分店，也買回了不少加盟店，因此它不久可能會成為不動產業的大資產公司。

像賓州中央鐵路這類公司可能同時屬於兩種類別，而迪士尼始終都同時屬於各類：多年前它便是個快速成長公司，這使它的規模和財務強度足以媲美穩定成長公司，接下來有一段時期，它所有的資產，包括房地產、老電影、卡通片等等，都非常值錢；然後，在一九八○年代中期，迪士尼的行情看跌時，你可以用起死回生股的低價買到這家公司的股票。

國際鎳金屬公司（International Nickel，到了一九七六年改成英可Inco公司）先是一家成長公司，然後成了循環公司，再成了起死回生類。這家道瓊工業指數名單上的老成員，是我剛進富達擔任分析師時的第一批成功案例之一。在一九七○年十二月，我在英可股價近四十八元時寫了脫手建議書，它的基本資料看來不大穩固，我的理由（鎳的消耗量減少，生產者的產能卻提高，還有英可的人員費用偏高）說服了富達，賣掉大量的持股，我們甚至稍稍降價出售，以吸引買者買下我們的大股份。

這種股票停滯到四月，當時還賣到四十四塊半，我開始擔心我的分析錯誤。我身邊眾多的投資經理人也很關切我關切的問題，這麼說其實是很容易的。最後股市發現事實真相了，一九七一年，這種股票跌到二十五元，一九七八是十四元，一九八二只剩八元。當時我在這位年輕的分析師建議賣掉英可的股票之後十七年，老多了的基金經理人又為富達麥哲倫基金買進大量的英可公司股票，但這回它已屬於起死回生類了。

區分迪吉多和渥瑪

如果你不知道你的股票屬於那一類，不妨問問你的股票經紀人，如果證券商向你推薦股票，那麼你應該問問是哪一類股票，否則你怎麼知道要期待什麼？你要的是緩慢成長股、快速成長股、預防不景氣的穩定股、起死回生、止跌回升的循環股，或者資產股？

如果你聽信一般說法，「錢漲了一倍就該脫手」，「兩年後該賣出股票」，或者「股價跌一成就該賣出，以減少損失」，那麼真是毫無道理，世上根本沒有一個通則可適用在所有不同的股票上。

你必須把寶鹼和伯利恆鋼鐵分開來處理，迪吉多和阿利可也要分開處理。除非是個起死回生股，否則你不能期待某個公共事業公司和菲利浦・莫理斯（Philip

Morris)表現得一樣好。像渥瑪這種年輕又有活力的公司，自然不應當以穩定股視之，更不應該在漲了五〇%時就賣掉，因為你的快速成長股很可能給你百分之一千的收穫。另一方面，雷斯頓漲了一倍，而其基本面看來不太妙，你若懷著和渥瑪股票同樣的期望而捨不得見好就收，那你可會瘋了。

如果你以好價錢買了必治妥，那麼把它束諸高閣二十年似乎是很合理的，但德州航空可不能這麼辦。循環工業中搖搖欲墜的股票，可不能讓你在不景氣時高枕無憂。

鋪陳一家公司的故事之前，首先應將其股票分類，這樣你至少可以知道會是個什麼樣的故事，接下來再填進各項細節，好幫你猜測故事可能有何發展。

第八章　完美的股票，真是好交易！

如果你對基本業務有一些了解，要追蹤一家公司的故事就容易多了，這就是為什麼我寧可投資絲襪公司而不碰通訊衛星，要汽車旅館而捨纖維光學。愈簡單的東西我愈喜歡。如果有人說：「任何白痴都能經營這個公司。」那麼我便給它添上一分，因為恐怕遲早真會有個白痴來經營它。

如果要我選擇買一個競爭激烈的複雜工業中，經營完善的好公司股票，或者買一個簡單而毫無競爭的工業中一家管理普通的乏味公司，那麼我選擇後者。理由很簡單：容易追蹤。我吃了一輩子甜甜圈，買了一輩子領帶，已經練就一番直覺，但對雷射光或微波處理器卻沒有這種便利。

「任何白痴都能經營這門生意」正是完美公司的特色之一，也正是我理想中的股票。要找完美的公司幾乎不可能，但如果你能想像一下，就會知道如何辨識其特質，以下列出最重要的十三項：

一、聽起來無聊——荒謬更好

完美的股票屬於完美的公司，而完美的公司來自極簡單的生意，這類生意的名稱必須是很無趣的，愈無趣愈好，比方自動數據處理公司。

但自動數據處理的無聊程度還不如巴伯伊凡斯農場(Bob Evans Farms)，還有什麼比巴伯伊凡斯更無聊的股票名稱？這名字一聽就讓人打瞌睡，而這正是它賺大錢的理由之一。但即使是巴伯伊凡斯都還不是最好的股票名稱，沒有任何名字比得過佩波男孩——美尼、莫與傑克。

佩波男孩——美尼、莫與傑克是我聽過最具勝算的名字，比無聊更勝一籌，這名字聽起來很荒謬。誰願意把錢放進一家名字聽起來像三個滑稽演員的公司？哪個正常的華爾街分析師或投資組合經理會推薦一個叫佩波男孩——美尼、莫與傑克的公司？當然，只有在發現該公司賺錢的盛況時，他們才會這麼做，那時這種股票早已大漲十倍了。

在雞尾酒會上吹噓你有佩波男孩的股票，恐怕吸引不到什麼聽眾，但如果你輕輕說出「基因分裂國際公司」(Gene Splice International)，大家便都會豎起耳朵。此刻基因分裂國際公司一路下滑，而佩波——美尼、莫與傑克卻一路攀高。

如果你及早發現好機會，很可能光從無味或怪異的名字上就賺到不少錢，這就是為什麼我老是找尋佩波男孩或巴伯伊凡斯之類的公司，偶爾我還能找到個把聯合岩石(Consolidated Rock)——真可惜這家公司不久便更名為肯洛克(Conrock)，後來又改成卡美特(Calmat)——只要它還叫聯合岩石，就不會引人注意。

二、做無聊的事

如果公司的名稱無聊，做的事也無聊，那我就更高興了。頂蓋、瓶塞與封口(Crown、Cork & Seal)公司做瓶蓋，還有什麼比這更無聊？你不會在時代週刊上看到這家公司總裁的訪談和艾科卡訪談擺在一起，但這是優點。這家公司的股票可一點都不乏味。

我提到過七橡木國際公司，它生產我們在超市用的折價券，還有一個故事保證讓你眼界大開——該公司股票自四元漲到三十三元。七橡木和頂蓋、瓶塞與封口公司的故事讓IBM看起來像拉斯維加斯的歌舞秀，租車代理公司又如何呢？這家公司代保險公司提供車子，讓客戶在自己的車送修的時候開，該公司上市時每股四元，華爾街根本沒有注意它。能想到在客戶的車送修時提供另一輛車代步，這位老闆多麼可敬！該公司的繁榮盛況可能不會引人注意，但上回我看了一下，股價已漲到十六元。

做乏味工作的公司就和名字無聊的公司一樣好，而兩者兼具更好，能保證愛湊熱鬧的人不會來，直到好消息傳出，他們才會蜂擁而至，把股價炒得更高。如果一家公司盈餘不錯，資產負債表健全，工作內容又乏味，那麼你便有相當充裕的時間以折扣價來買這種股票。等到它流行起來，價格也高出所值時，你就能把它賣給隨波逐流的買者。

三、做讓人搖頭的事

比乏味更好的是既乏味又噁心的公司，讓人聳肩、作嘔、掉頭不顧的事情最為理想。比方安全克靈公司（Safety-Kleen），光這名字就是好的開始——任何公司的大名以K取代C，都值得多看兩眼。安全克靈一度隸屬芝加哥生牛皮公司，這也是優點一項（參閱本章第四點）。

安全克靈做各地加油站的生意，提供加油站一種清洗汽車零件上機油的機器，讓技工不必花太多時間和精力徒手對付零件上的機油，加油站樂於付錢買這項服務。安全克靈公司的員工定期出現，清理機件上的油污，再將蒐集下來的油泥帶回煉油廠重新提煉回收，回收工作持續不斷做下去，電視上可不會為此拍個迷你影集。

安全克靈不僅做油污汽車零件的清理工作，也兼做餐廳的殘渣油脂清理和其他種類的油污廢棄物處理。哪個分析師想寫這些，又有哪位基金經理人想把安全克靈放進投資清單上？不太多，這正是安全克靈吃香的地方。這家公司和自動數據處理公司一樣，盈餘節節上漲，從無例外，利潤每一季都上揚，股價也一樣。

英環代恩（Envirodyne）又如何呢？多年以前，富達的森林產品分析師湯姆·史溫尼（Thomas Sweeney）向我推薦這種股票，現在他已是資本增值基金的負責人了。英環代恩首先通過了怪名測試：聽它的大名，彷彿是某種可以讓人一彈跳出臭氧層的東西，其實它只跟午餐有關。它的附屬公司——清潔罩（Clear Shield）公司專做塑膠叉子和吸管，正是任何白痴都能經營的理想生意，然而在實際情況中，這家公司的管理相當好，管理階層與公司的營運關係可說休戚與共。

英環代恩的塑膠餐具產量排名第二，吸管第三，它是同行中生產成本最低的公司，因此頗占優勢。

一九八五年，英環代恩開始商談購買威斯卡斯（Viskase）的交易，威斯卡斯是腸衣製造業的佼佼者，尤以生產熱狗和香腸腸衣聞名，英環代恩以很合算的價錢買下了威斯卡斯，一九八六年又買了膠膜客公司（Filmco），是一家專門生產包剩菜的塑膠膜公司，也是同業中的領袖。塑膠餐具、熱狗腸衣、塑膠包膜，恐怕不久之後，這家公司就要包辦野餐用品了。

這些併購的結果，使得該公司的盈餘從一九八五年的三毛四一股漲到一九八七年的兩元。該公司用額外的現金收入來支付併購的花費。我在一九八五年九月以三元買下，一九八八年售出時，價錢是三十六塊多。

四、是個分家公司

從母公司分出來的公司往往成了讓人傻眼的絕妙投資，安全克靈分自芝加哥生牛皮公司，或者玩具反斗城分自州內百貨公司都是最好的例子。達特克萊(Dart & Krafe)公司在幾年前合併，不久又分開了，克萊公司再次回復成純粹的食品公司，而後在一九八八年被菲利浦・莫理斯收購。達特公司則搖身一變，成了普馬克國際公司(Premark International)，也是一項好投資。

大型母公司並不喜歡把某些部門分出來，再眼看這些小單位陷入困境，因為這會產生令人尷尬的形象，並且回過頭來影響母公司。因此由大公司分出來的子公

績效最佳企業

母公司	分家子公司	大約初次成交價	低價	高價	1988 年 10 月 31 日
泰勒町	阿格納	$18	$15	$52 1/8	$43 1/4
	美國社會生態	4	2 3/4	50 1/4	12 3/4
美國石膏	AP格林	11	11	26	26 3/4
IU國際	格它拉桑	6	2 5/8	36 1/4	47 3/4
馬斯可	馬斯可工業	2	1 1/2	18 3/4	11 3/8
克瑞夫食品	普馬克國際	19	17 1/2	36 1/4	29 7/8
坦迪	交交塘	10	10	31 1/4	35 1/4
新格	SSMC	13	11 1/2	31 3/8	23
拿多馬	美國總統	16	13 7/8	51	32 3/8
交義湖城	艾肯不銹鋼	8	7 5/8	24 1/2	23 1/2
穿市馬	伊摩德拉瓦	8	6 3/4	23	18 1/2
聯合轉運	國際航運	2	2 3/8	20	17
通用磨坊	坎拿巴克	16	13 7/8	51 1/2	—2
柏格華納	約克國際	14	13 1/2	59 3/4	51 5/8
時代公司	內陸聖殿	34	20 1/2	68 1/2	50 3/4

績效較差企業

母公司	分家子公司	大約初次成交價	低價	高價	1988 年 10 月 31 日
中央賓州		$15	$ 7 1/8	$20	$12 1/8
強布萊爾	艾德渥系統公司	6	4	12 3/4	3 7/8
資訊點		8	2 1/2	18 1/8	3 3/4
可口可樂	可口可樂企業	15 1/2	10 1/2	21 1/4	14 1/2

1. 阿格納公司與美國社會生態公司都是由泰勒町——這家以其本業來說最大的企業——所獨立出來的子公司。
2. 在 1987 年 10 月，被唐卡公司以每股 49.50 元收購
3. 在獨立分家期間，一直是問題公司。

司多半有健全的資產負債表，足以成為成功的獨立個體。這些公司一旦獨立，新的管理階層便能設法降低成本，並採取富創意的方式來增進近程和長期的盈餘。

附表是最近自母公司分出來的獨立公司，表一是表現良好的，表二則是表現不佳的。

向持股人說明子公司獨立出來的文件往往節制、謹慎而樸素，這比一般的年報更好，從大公司分出來的公司往往遭人誤解，也不太能引起華爾街的注意。投資人往往可以得到母公司致贈的新成立小公司的股份，做為紅利或股息，而證券商往往把這些股份看成無足輕重的零用錢，而這正是這類公司股票的好兆頭。

這是業餘投資人的豐碩園地，尤其在瘋狂收購與合併的年代裏，被大公司視為收購目標的公司往往把一些部門賣掉或分出來，使它變成公開交易的項目。一家公司被接收時，它的各個部門往往被賣掉以換取現金，因此這些部門也分別成了分立的個體可供投資。如果你聽說有個分出來的新公司，甚至得到某個新成立公司的一點股份，不妨立刻研究是否值得多買一點。新公司分出來一、兩個月之後，你可以檢查一下，看看是否有新公司管理階層等局內人在大買特買，如果有，顯示他們對新公司的前途也是看好的。

有史以來最棒的分立公司當屬由ATT分出來的小電話公司：美國科技、大西洋貝爾公司、南方貝爾公司、尼涅克斯（Nynex）、太平洋電話公司、西南貝爾公司，以及美國西部公司。由於母公司是個穩定的好公司，這七家新成立的小電話公司從一九八三年十一月到一九八八年十月，股價平均漲幅是一一四%，加上股息後，整個回收高達百分之一七〇%。這比市場平均表現高了一倍，更比所有知名共同基金的表現更好，包括敝人在下我的基金。

一旦解放出來，這七個地區公司便能增加盈餘，削減成本，享受厚利。它們得到所有地方和地區的電話生意、電話簿，加上每一塊錢長途電話費可得到ATT給付的五毛錢。這真是個好情勢，它們已度過早期器材現代化的花大錢階段，因此無須以出售大量股票的方式來籌款，不會稀釋持股人的資金。而就和人類一樣，七個小電話公司之間做的是良性競爭，它們與母公司之間也是合作勝過競爭，在此同時，母公司卻因為子公司的獨立而喪失利潤來源，同時還得面對史普林（Sprint）和MCI等公司的競爭，並且在電腦化方面花大錢。

擁有原來的ATT股票的人有十八個月的期限決定要怎麼做，他們可以把ATT股賣掉，一勞永逸；也可以留住ATT，加上新電話公司的股份，或者賣掉母公司，只留子公司的股份。如果他們做了功課，便會賣掉ATT，留下新電話公司，並儘量多買一點新公司的股份。

ATT送出了每份重達數磅的說明書給兩百九十六萬名持股人，解釋小電話公司分立的計畫，新公司很清楚的列出它們的發展計畫，上百萬的ATT員工及無數的材料供應商都可以看到這一切進展，有這麼多業餘人士有占優勢的機會，事實上，任何一個有電話的人都知道即將有大變化要發生。我也加入了這個行列，但不甚投入——我做夢也想不到ATT這類保守公司，能成功的在那麼短的時間內做那麼大的變革。

五、證券商不買，分析師不愛

如果你發現一種股票沒有什麼證券公司購買，那麼你就找到了可能的贏家。找一家分析師從不上門的公司，或者根本沒有哪個分析師知道的公司，那麼你要賺一倍並不難。如果某家公司告訴我，上一個登門造訪的分析師出現在三年前，我便難掩我的興奮。這往往發生在銀行、存放款公司和保險公司，因為這類股票多達數千種，但華爾街往往只追蹤其中的五十到一百種。

有些股票一度很熱門，後來被專業人士放棄了，這種股票我也很喜歡，克萊斯勒和艾克森都在跌到谷底時被放棄，而那時它們已經要反敗為勝了。

有許多地方可以找到法人客戶擁有股票數量的數據，諸如：Vicker's Institutional Holdings Guide, Nelson's Directory of Investment Research，以及Spectrum Surveys等。這些出版品並不容易拿到，比較容易找到的是S&P股票小冊，又名淚的小冊！另外，Value Line Investment Survey也有類似資料，這兩種出版物可在一般證券商處拿到。

六、謠言四起：此股涉及有毒廢棄物和（或）黑手黨

很難找到比廢棄物處理更完美的工業，如果有什麼東西比動物腸衣和油脂更讓人不舒服的，大概非污染和有害廢棄物莫屬了。這就是為什麼固態廢棄物處理公司的人來訪，會讓我大感興奮。這些決策人員穿的不是我日復一日見到的棉質藍襯衫，而是休閒裝，上面還寫著「固態廢棄物」，真是你夢寐以求的那類決策人士。

你或許已經知道，如果你很幸運的買了一些固廢管理公司的股票，這些股票如今已漲了一百倍。

廢棄物管理比安全克靈更值得期待，因為這家公司有兩項優點：有毒廢棄物和黑手黨。如果你以為黑手黨控制了所有的義大利餐廳、報紙、乾洗店、建築工地和橄欖油廠，現在不妨再加上垃圾處理業。不實的幻想對早早決定買廢棄物管理公司股票的人而言，是一項優勢，這種幻想能壓低價格，給你更好的投資機會。

廢棄物管理與黑手黨有關的謠言，讓那些擔心黑手黨介入旅館／賭場業的投資

人為之卻步。記得以前讓人害怕，現在卻極搶手的賭場股票嗎？規矩的投資人不會碰這種股票，因為賭場讓人想到黑手黨，接著盈餘暴漲，利潤也大漲，黑手黨便消失了。假日旅館和希爾頓投入賭城生意時，忽然間，擁有賭場股票就沒有關係了。

七、讓人沮喪的股票

這類股票中最讓我喜歡的是國際服務企業（SCI），這也是一家名稱極乏味的公司。華爾街忽略的股票除了有毒廢棄物之外，還包括葬儀業，而國際服務企業做的正是葬禮服務工作。

多年來這家位於休斯頓的企業在全美各地收購地方上的小葬儀社，就像加內特(Gannett)到處買城鎮小報一樣。國際服務公司變成了大型葬儀企業，它專門挑選一星期埋十來個人的地方首要葬儀社，至於排名第二、第三的，就不在收購名單上。

最後該公司擁有四六一家葬儀社、一二一個墓園、七十六家花店、二十一個葬禮用品產銷中心，另有三家棺柩販售中心，完全是立體化經營。他們為巨富豪華．休斯（Howard Hughes）舉行葬禮時，開始廣受矚目。

他們還創新推出預約政策，相當受歡迎，讓人們在負擔得起時，先付棺柩和告別式的費用，以減輕過世後家人的負擔。哪怕你過世時，葬禮的價錢已漲了三倍，你還是能以舊日的價錢付費。這對逝者的家庭是一個好消息，對該公司更是幫助甚大。

國際服務企業能儘早拿到預約的錢，放進本金滾厚利，如果他們賣出五千萬元一年的預約葬禮計畫，那麼這些錢早在葬禮舉行之前便增加到數十億元了。這個策略的反應熱烈到讓他們應付不來的地步，目前他們已將此策略轉介給其他的葬儀社。過去五年來，預約葬禮的生意每年成長百分之四十之高。

有時候正面的故事會遇到錦上添花的驚喜，以國際服務企業為例，擁有該公司二〇％股票的美國大眾公司（American General）想買國際服務公司在休斯頓的一處不動產，為了取得這塊地，該公司同意把股票全數還給國際服務公司，並同意該地點的葬儀社可繼續營業兩年，直到找到合適的新地點為止。

國際服務公司最大的好處是，大部分的專業投資人都忽略它，儘管它有絕佳的營運紀錄，而它的主管也到處求人聽他們做簡報。這意味著業餘投資人可以買到盈餘節節高升的標準贏家股票，花的錢則比買進熱門行業的熱門股票要少得多。這是個完美的好機會——每件策略都成功，你可以看到繁榮景象，盈餘持續成長，業務也大幅成長，而債務幾乎不存在——華爾街卻視而不見。

該公司僅在一九八六年引起大證券公司的興趣，現在有一半的股份被這些證券公司買走，分析師也紛紛開始注意這家公司。該公司尚未引起華爾街注意之前，股票已經是十壘安打了，但後來的表現卻不及股市平均成績。除了證券商持股過高和經紀公司過度矚目之外，該公司過去幾年中收購了兩家棺柩公司，結果並沒有帶來預期的利潤。其次，收購葬儀社和墓園的價錢暴漲，而預約葬禮的業務成長也不如預期。

八、不成長工業

很多人喜歡投資高成長工業，因為知名度高，動作也多，我可不。我偏愛投資低成長工業，比方塑膠餐具，不過不成長工業更好，比方葬儀業，這是最大贏家之所在。

令人興奮的高成長工業實在沒有什麼刺激可言，除非把股票下跌也能當作一項刺激。五〇年代的地毯業、六〇年代的電子業和八〇年代的電腦業都是刺激的高成長工業，然而有無數大大小小的公司都無法長期繁榮，這是因為熱門工業中的每一種產品都有一千個麻省理工學院(MIT)的畢業生在埋首研究，看看如何在台灣以更低廉的方式生產。一家電腦公司設計出全世界最好的文字處理機，就有十家公司花一億元去開發更好的產品，然後在八個月內推出。瓶蓋業、折價券印製業或汽車旅館業就不會有這種事。

葬儀業毫無成長，這幫了國際服務企業一個大忙，葬儀業在美國的成長率是一年百分之一弱，慢得引不起注意，但這個行業非常穩定，顧客來源非常可靠。

無成長工業，尤其是讓人覺得無味或不喜歡的工業，往往沒有競爭的問題。你無須保護地盤，因為沒有潛在對手，沒有人有興趣。這讓你得以持續成長，擴大市場占有率，如國際服務企業所為，該公司已擁有五%的全美葬儀公司，現正往十%到十五%邁進，眼前一片坦途。商學院學生可沒興趣挑戰這家公司，而你也很難對金融投資公司的朋友說，你專研的是在加油站回收髒機油的行業。

九、占盡地利

我寧可買一個地方上的礦坑，也不要買二十世紀福斯公司，因為電影公司有許多競爭對手，而礦坑卻占了地利。二十世紀福斯公司買裴波海灘連同海灘的礦坑時，想必也有此體會。

顯然擁有一個礦坑比經營珠寶生意安全多了，如果你從事珠寶業，想必得和全市、全國，甚至全世界的其他珠寶商有所競爭，因為人們可以趁度假之便，到各處買珠寶。但是如果你在布魯克林擁有一個礦坑，那麼你便有一門獨占事業，而且保證沒什麼人有興趣分一杯羹。

圈內人稱之為「混合」生意，但說穿了不過是一些不值錢的東西，岩石、沙和碎石等等，然而混合之後，這些東西可以賣到三塊錢一噸，一杯橘子水的價錢可以買半噸混合砂石，如果你有卡車，可以運回家倒在草皮上。

礦坑的價值在於沒有競爭對手，兩個城鎮以外的另一個礦坑不會跑來搶你的生意，因為光是卡車運費就會耗盡對方的利潤了。不論芝加哥的砂石有多好，那裡的砂石業者都不會跑到布魯克林或底特律來發展生意，砂石太重，要建立門市做生意可不容易，你無須請十來個律師保護你的招牌。

獨占事業的價值實在很有誇大的餘地，英可是全世界最大的鎳金屬生產公司，未來五十年內也不會有人超過它。有一次我到猶他州的銅礦區，站在銅礦坑口往下看，那景象真讓人難忘，我想到日本和韓國都不可能弄另一個這樣的礦坑出來。

你一旦有了某種獨占企業，價錢便可以往上調，如果你有個礦坑，便可以把價錢調高到另一個礦坑的人想來和你競爭的地步；同樣的，對方也以這種方式衡量價格。

除此之外，你的挖地、移土、碎岩設備都享有抵稅優待，充當折舊費，你另外還有開採全部礦藏的許可，如同石油公司有石油和天然氣的開採權。我無法想像有人會在礦坑上破產，如果你自己經營不了自己的礦坑，至少還能買礦坑公司的股票。大公司即使必須賣出一部分營業部門，他們總是留著礦坑的。

我喜歡找完美公司的地利之所在，華倫·巴菲特開始時買了麻州新貝福的一家紡織廠，他很快便知道這門生意無地利可言，他的紡織生意做得不好，卻在其他占地利的行業上賺大錢。他很早就看到電視和報紙主宰大市場的價值，便從華盛頓郵報開始。我的想法也是如此，所以我儘可能買了大量的波士頓全球報發行公司的股票，這家報紙囊括九成的地方廣告，怎麼有機會賠錢？

波士頓全球報占了一個地利，而湯姆斯·米勒(Times Mirror)公司則占了許多個地利，包括洛杉磯時報、新聞日報、哈德福報和巴爾的摩太陽報等。加內特擁有九十種日報，其中大部分都是地方上唯一的大報。在七〇年代發現地方報紙和有線電視價值的人，得到的回饋都是十壘安打的大勝利，因為有線電視股和媒體股後來在華爾街都成了搶手貨。

任何一個在華盛頓郵報工作的記者、決策人員或編輯，只要意會到地利的優勢，都可以及時從盈餘中分一杯羹。報社本身還有其他理由讓它稱得上是上好生意。

製藥公司和化學品公司也都占有優勢——它們的產品是只此一家，別無分號，史密克林花了幾年時間才得到一種藥品的專利權，而一旦專利權到手，所有的對手公司儘管已花了數十億美元的研發費，也不能踏入這個領域，除非他們發明不同的藥品，並且證明這是不同的，再經過三年的實驗室測試，才有可能獲准上市，他們必須證明新藥不會殺死老鼠，不過，大部分的藥似乎都是會殺死老鼠的。

或者老鼠已經不像過去那麼健康了，想想看，我曾經在一家以老鼠為主角的股票上賺到錢——查爾斯汀生育實驗室，他們不肯拿人做實驗。

化學品公司在殺蟲劑的農藥方面特別吃香，一種毒品要得到許可比藥品難得多，你一旦得到專利，便等於找到一部賺錢機器，蒙山多公司(Monsanto)就擁有幾部賺錢機器。

品牌名稱有時和地利或壟斷優勢一樣好，如可口可樂、萬寶路和泰樂隆

（Tylenol）等，要讓社會大眾對某種飲料或咳嗽藥產生信心，可要花不少錢，而且整個品牌知名度的建立往往要耗費數年之久。

十、人們非不斷購買不可

我寧可投資一家製造藥品、軟性飲料、刮鬍刀或香烟的公司，也不要投資做玩具的工廠。在玩具製造業裏，有的人能製造一種很棒的娃娃，讓每個孩子都想要，但孩子要了一個就不必再要了。八個月之後，這種產品從架子上拿掉，改放另一種每個孩子都想要的新娃娃——由另一家公司出品。

有這麼多穩定的消費必需品，為什麼要在多變的產品上冒險呢？

十一、科技的使用者

與其投資電腦公司，在無止盡的價格戰中求生存，何不投資一家專門從價格戰中占便宜的公司呢?自動數據處理公司就是這類理想目標。電腦愈便宜,自動數據的工作成本便愈低,利潤也就節節上漲。或者不要投資製造自動掃瞄機的公司,轉而投資使用自動掃瞄機的超市不是更好嗎?如果掃瞄機會為超級市場降低成本,哪怕只有百分之三,該公司的盈餘便可能加倍。

十二、局內人自己也買股票

有成功潛力的股票,自己公司的人都樂於把自己的錢投資進去,一般說來,企業員工應是純粹的銷售者,而通常他們賣出的股份數和買進股份數的比應是二·三比一,然而一九八七年八月到十月那段暴跌一千點的事件中,這個比數成了四比一,顯示許多員工對自己的公司並沒有喪失信心。

局內人瘋狂搶購時,你幾乎可以確定這家公司在未來半年內絕不會破產,我敢打賭,局內人買自家股票,公司卻在短期內關門大吉的,金融史上找不出三個以上的例子。

長期看來，還有另一項重要的好處，管理階層一旦擁有股票，那麼分紅便會成為第一優先的要事；管理階層如果只是坐領薪水，他們關心的重點則會放在調薪上面。大公司付給決策階層的薪資通常極為優厚，因此，企業界的薪資階級很自然的便會竭盡所能的擴大營業範圍，而這往往會損害持股人的利益。如果管理階層握有大量股份，這種情況便比較不會發生。

公司決策人員或企業總裁如果有百萬年薪，又買了數千股的公司股票，自然是不錯的事，但還不如薪資較低的員工也擁有許多股份。如果你看到一個年薪四萬五千美元的人買了價值一萬元的股票，大概就可以確定這是對公司投信心票了。這就是為什麼我寧可發現七名副總裁各買一千股的股票，這比總裁獨力買下五千股要穩當得多。

如果局內人購買之後，股價往下跌，你等於得到機會以低於局內人的價格買同樣的股票，這對你更有利。

要追蹤局內人的購買狀況很簡單，一名官員或決策階層人員買賣股票時，都必須填一份單子（叫Form 4），寄到證管會存查，有許多新聞信件服務機構，如「維克局內人週報」(Vicker's Weekly Insider Report)和「局內人」(The Insiders)，都做這類紀錄的例行追踪。華爾街日報、巴隆雜誌和投資人日報等，也都提供了這類資訊。有許多地方商業報紙會報導地方上的企業內部的股票交易狀況，我知道波士頓商業報就有這類專欄。你的股票經紀商也可以提供這類消息，許多地方上的圖書館也訂了相關刊物供人查閱。另外，「價值線」的出版品也有局內交易的消息提供。

(局內人出售自己公司股票通常沒什麼意義，不值得做什麼反應。如果一種股票從三元漲到十二元，而有九個經理人員在出售，我就會注意了，尤其他們大量拋售時，更要留心。不過，在正常情況下，局內人賣股票未必就是公司內部出問題的徵兆。有很多情況會讓公司員工賣股票，比方他們需要錢付孩子的學費，或者付房屋貸款，或者還債，他們也可能想分散股票投資。而局內人買自家股票只有一個理由：他們相信股票的價格被低估，並且會很快往上爬升。)

十三、公司買回自己的股票

一家公司要回饋其投資者最簡單且最好的辦法，就是買回自己的股票，公司對自己的前途有信心的話，為什麼不該和一般持股人一樣投資自己？一九八七年十月二十日，許多公司為防止股價慘跌，便大量買回自己的股票，這項行動有穩定市場之效，而長期看來，這些買回股票的行動都會回饋到投資人身上。

公司買進股票時，等於減少流通在外的股票，使得發行股票總數縮小，這對各股盈餘的提升具有奇效，而這自然也會提升股價。如果公司買回一半的股份，而其盈餘總數不變，那麼每股平均盈餘便加倍。很少有公司能透過減縮成本或增加銷售量的方式達到這種成績。

艾克森不斷買回股票，因為這比挖油井便宜多了，艾克森可能得花每桶六元的成本去找新油，但是如果它的每股股票都代表一桶三元的石油資本，那麼買回股票便相當於在紐約證券交易中以三元一桶的代價挖到石油一樣。

這種聰明的辦法直到最近才略有所聞，一九六〇年代間，國際乳品皇后（International Dairy Queen）公司便是買回自己的股份的先鋒之一，但尾隨其後的公司很有限。頂蓋、瓶塞及封口公司二十年來一直定期買回自己的股票，他們從來不付股息，也從來不做無利可圖的收購，但透過縮小股份總數的方式，他們已經為盈餘帶來最大的效應。如果這套政策繼續施行，總有一天市場上會只剩下一千股這家公司的股票，而股價會高達一千萬美元。

提勒丹公司總裁辛葛頓（Henry E. Singleton）定期以高於股市的價錢買回股票，提勒丹賣五元時，他可能出七元，股價十元時，他會付十四元。他給持股人一個高價抛售的機會，藉此手法宣示該公司的自信，這比年報中的優美形容詞要可信多了。

通常除了買回股票之外，還有幾種類似方法，比方：⑴提高股息，⑵開發新產品，⑶採取新營運方式，以及⑷收購其他企業。吉利公司四種都做，特別著重在後面三項，該公司的刮鬍刀生意利潤很好，但由於增加許多較不賺錢的生意，因此刮鬍刀的營業額比例便相對降低。如果該公司定期買回股份並提升股息，而不是將資金分散到化粧品、衛浴用品、原子筆、打火機、捲髮器、刀片、辦公室用品、牙刷、護髮用品、數字錶，以及很多其他產品部門上，那麼它的股票應該可以達到一百元，而不是目前的三十五元。過去五年來，吉利已經折回正軌，關閉一些賠錢的生意，加強刮鬍刀這項核心生意，保持主宰市場的優勢。

和買回股票相反的做法是增加更多的股份，又稱稀釋股份。國際哈維（International Harvester），現名內維斯塔（Navistar），賣了數百萬股額外的股票，以籌措現金，度過農場機械生意失敗造成的財務危機（附圖見附錄八）。克萊斯勒的做法正好相反，它買回股票和認股權，縮小發行總股數，這是生意好轉時即實行的政策（附圖見附錄九）。內維斯塔現在又是一家賺錢的公司了，但由於股票稀釋得太厲害，盈餘增加有限，持股人至今尚未從該公司的復甦得到什麼好處。

最偉大的公司

如果我能夢想一家光輝燦爛的公司，集所有最糟糕的元素於一身，那非卡瓊清潔用品（Cajun Clean—sers）莫屬。卡瓊公司做的是極其無聊的生意：清除被亞熱帶的濕氣侵害的家具、珍本書和呢絨布料上的黴菌。這家公司不久前才從路易斯安那州的貝幽回饋（Bayon Feedback）公司分出來。

該公司總部位在路易斯安那湖畔，必須轉兩次飛機才能抵達，還要雇一部車來接你離開機場。紐約或波士頓都沒有一名分析師去過卡瓊公司造訪，也沒有任何證券公司買過一股該公司的股票。

在任何雞尾酒會上提起卡瓊清潔公司，馬上你就會落入自說自話的境地，每個近身傾聽的人都會認為你的話荒謬無比。

卡瓊公司在當地和歐札克斯（Ozarks）一帶擴充迅速，業績驚人。該公司剛得到一種新膠水的專利，可用來清除衣服、家具、地毯、浴室瓷磚，甚至鋁門窗等物品上的斑點，這項專利給了卡瓊極佳的優勢。

該公司還打算提供一種終身免斑點保險，讓百萬美國人以預付款的方式，保證一輩子不受黴污斑點的侵擾。不久該公司便將擁進大筆財富，都是不算在資產負債表上的資產。

沒有一家大衆刊物提到卡瓊公司和它的專利品，只有那些相信貓王還在人間的超市小報對它有興趣。該公司股票七年前上市時是八元，不久便漲到十元，該公司的重要成員當時都傾其所有，大買特買。

我在偶然的機會中聽到一個遠親提到這家公司，他發誓只有這家公司的產品才有辦法除去皮夾克上的黴點。我做了點研究，發現該公司過去四年來都保持兩成的盈餘成長率，而且沒有一季下跌，該公司沒有負債，上回不景氣期間表現也很好。我走訪該公司，發現任何一個受過訓練的傻子，都能照管該膠水產品的生產。

我決定買卡瓊公司股票的前一天，知名的經濟學家亨利・卡夫曼(Henry Kanfman)預測利率將上揚，而聯邦儲備局的局長打保齡球不慎，扭傷了腳踝，這兩個事件使股市跌了一成五，卡瓊也跟著下挫。我以七塊半的價錢買進，比該公司管理階層買的便宜兩塊半。

這是卡瓊清潔用品公司的情況。不要捏我，我在作夢。

第九章　我會避開的股票

如果我可以避開一種股票，我會選熱門工業中最熱門的股票，這是最廣受喜愛的股票，每個投資人和他人合乘一輛車時，或在交通車上，都會聽到這種股票——而他也往往會屈從社會的壓力，買了這種股票。

熱門股票漲得快，往往能衝到任何我們所知的價值標的之上，但上面除了希望和稀薄的空氣之外，沒有什麼支撐之物，因此這類股票下挫的速度也一樣快。如果你在出售熱門股票方面不夠聰明（事實上你買這些股票，已顯示了你不會太聰明），很快你就會看到你的利潤變成虧損，因為價錢一開始下跌，速度絕對不會慢，而且也不會只跌到你起步的地方。

看看家庭購物網（Home Shopping Network）的圖表（附圖見附錄十），這是熱門的通訊購物業中的熱門股票，在十六個月內由三元漲到四十七元再跌回三塊半，對那些在四十七元時脫手的人而言，這股票真不錯，但對那些四十七元時才進場的人來說呢？盈餘、利潤和未來展望都到哪裏去了？在這種股票最熱門時投資，穩當程度就像玩輪盤賭遊戲一樣。

資產負債表迅速變樣（這家公司為了買電視台而大舉借債），電話也出了問題，而競爭者又開始出現了。人能穿戴多少項鍊？

我已經提到許多熱門工業中，一片叫好往往會引出一敗塗地，拖車住家、數字表、保健機構等都是熱門工業，然而過熱的期望在簡單的算術上面蒙上了一層霧。分析師預言兩位數成長率將持續下去時，該工業便開始衰退了。

如果你的生活必須仰賴熱門工業中最熱門的股票帶來的利潤，那麼很快你就要領社會救濟金了。

沒有任何工業比地毯更熱門，我成長的過程中，全美國每一戶人家的家庭主婦都想在所有的地板上鋪滿地毯。有人發明了一種新的編織法，能大量減少織地毯所需的纖維原料，又有人讓織布機自動化，結果地毯價格由一碼二十八元掉到四元，新的低價地毯鋪滿了學校、辦公室和機場的地板，更鋪滿全美各郊區的百萬戶房舍。

木頭地板一度比地毯便宜，現在則是地毯比較便宜，因此上等住屋改用木質地板，而一般大衆則改用地毯。地毯銷售量戲劇性的大增，五、六家最大的地毯公司賺錢賺得不知如何花，公司規模也大幅擴大。分析師就在那時開始告訴投資人，地毯業的景氣會永遠持續下去，證券商如此告訴客戶，客戶也就買了地毯股。在此同時，五、六家大地毯商遇上了兩百家新加入的競爭對手，大家紛紛打起低價戰，誰都賺不成。

高成長業及熱門工業往往會吸引一羣想分一杯羹的聰明人，企業家和資本家熬夜動腦筋，設法以最快速度加入行動。如果你有個萬無一失的點子，但無法保護它不被奪取或抄襲，那麼你一成功，便會立即被跟進者淹沒。在商場上，模仿是最嚴重的打擊形式。

記得磁碟片的下場嗎?專家曾預測這項工業每年可成長五二%——他們說對了，然而多了三十幾家公司來分享這項成長，大家都無利可圖。

一九八一年我在科羅拉多參加了一項能源會議的餐會，當天的演講來賓是湯姆．布朗公司（Tom Brown Inc.）的總裁湯姆．布朗。該公司是一家熱門的石油服務公司，當時股價五十元。布朗先生提到一個熟人和人打賭這家股票會跌，他接著做了一項結論：「你一定是不喜歡錢，才會賭我的股票下跌，這麼一賭，你會輸掉汽車和房子，恐怕連聖誕舞會都只好光著身子去參加了。」他這番話把大家都逗笑了，然而四年之後，這種股票果然從五十元一路跌到一塊錢。他的那位熟人一定很高興贏了一筆賭金，如果有誰得光著身子參加聖誕舞會，想必是一般長期持股人。如果避開熱門工業中最熱門的股票，或者至少做點功課，就可以避免這種厄運。湯姆．布朗公司實在一無所有，除了一些無用的設備、一些可疑的油田，讓人難忘的債務，和一張難看的資產負債表。

六〇年代的熱門股票非全錄莫屬，影印是前途看好的工業，而全錄控制了整個行業，該公司的英文名稱Xerox，竟成了影印的同義詞，很多分析師都認為這是好現象，一九七二年全錄每股賣到一百七十元，大家都相信還有無限成長空間。不久日本人跟進了，IBM也來了，柯達緊隨在後，不久便有二十家公司能製造很好的乾印機器，和傳統的濕式影印機不同。全錄擔心了，胡亂買了些不知如何經營的不相干公司，它的股票大跌了八四％。幾家競爭對手也好不到哪裡去。

影印業二十多年來一直是個可敬的行業，需求量也從未下降，可惜影印機製造商就是無法靠這種產品過好日子。

拿全錄讓人傷心的股票表現和菲利浦・莫理斯這個香烟公司相比，後者屬於負成長工業的一員，過去十五年來，全錄從一百六跌到六十元，菲利浦・莫理斯卻從十四元漲到九十元。年復一年，菲利浦・莫理斯不斷擴張海外市場的占有率，並提高售價，降低成本，盈餘便跟隨著節節高升。該公司的香烟品牌，萬寶路、維吉尼亞苗條香烟等等，分別占有不同的市場位置，而負成長工業又不大有競爭對手，這些都成了優點。

小心未來的×××

另一種我會避免的股票是被稱為未來的ＩＢＭ、未來的麥當勞、未來的迪士尼等等的公司。在我的經驗裏，未來的什麼幾乎永遠成不了氣候，這點在百老滙、暢銷書單、全國棒球聯盟或華爾街都百試不爽。有多少次你聽到某個球員是明日之星，或者某本小說將成為「白鯨記」第二，結果發現那名球員不久被開除，而那本小說則悄悄被淡忘？股票的情況也一樣。

事實上，人們把某種股票看成未來的×××時，往往顯示模仿者和其模仿對象的顛峰期已近尾聲。其他電腦公司被喊成未來的IBM時，你可以猜到IBM就要遇到難關了。果然，今天大部分的電腦公司都努力不要變成未來的IBM，這又表示那家陷入困境的大公司快要解困了。

電通城(Circuit City Stores)變成一家成功的電器零售連鎖店時，後面跟了一串未來的電通城。該公司在一九八四年漲了四倍，當它登上華爾街證券交易中心時，設法避開了IBM的厄運，而所有的未來人選卻都跌了五九%到九六%不等。

未來的玩具反斗城名叫兒童世界，很快也就摔跤了，廉價俱樂部(Price Club)的跟進者，倉庫俱樂部成績也乏善可陳。

避開惡化經營公司

賺錢的公司有時並不買回股份或提高股息，卻把錢花在愚蠢的收購上，這類勤奮的公司專找一、價錢過高的商品，和二、完全不在它的理解範圍之內的商品。這表示損失將會大到不可收拾。

大公司似乎每隔十年便會從大規模惡化經營（花幾十億元在刺激的收購上）和大規模重建（不再刺激的收購品以低於買價的價錢賣出）兩者之間輪番選擇一種。同樣的事情會發生在人和船隻身上。

收購、後悔、收購、後悔，相同戲碼一再上演，簡直成了有錢大公司轉移資產給被收購小公司持股人的公式了，因為現金充裕的大公司往往付太多錢。為什麼會如此我一點也不了解，或許大公司認為不管價錢多高，買一些小公司總比買回自己的股份或寄放股息有意思，因為後者完全沒有想像力可言。

心理學家或許可以分析一下這個現象，有些公司就像有些人一樣，就是留不住錢。

從投資人的觀點來看，惡化經營只有兩項優點：一是你持有被收購公司的股份，或者等惡化經營公司決定重整結構時，從它脫手的犧牲者中尋找起死回生的良機。

惡化經營的例子多得讓我不知從何講起，美孚石油（Mobil Oil）買了馬可公司（Marcor Inc.），情況便開始惡化。馬可的生意之一是某個不熟悉貨物的零售生意，這讓美孚被困了好幾年。馬可的另一項企業是製造容器，這也讓美孚最後不得不削價求售。除此之外，美孚買優越石油（Superior Oil）時，因為付太多錢，賠了數百萬元。

自一九八〇年油價攀至高點起，美孚的股票便只漲了一成，同一時期內，艾克森卻漲了一倍。艾克森遭遇到一些厄運，也收購了幾個小公司，加上一個運氣不佳的附屬公司，但它總算度過所有難關，沒有讓經營惡化下去。該公司拿額外的現金買回自己的股票，使得它的持股人比美孚的持股人吃香得多。新的管理決策讓美孚情勢逆轉，一九八八年，它賣掉了蒙哥馬利百貨（Montgomery Ward）。

前面談過吉利公司的愚行，它不僅買了醫藥箱，還買了數字表，讓經營狀況更形惡化，最後宣布放棄這兩個大災難。在我的記憶中，大公司在大家都還搞不清楚狀況時，率先站出來解釋自己為什麼會掉進一個賠錢生意的，吉利公司算是頭一個。該公司日後也做了大整頓，以彌補過去犯下的錯。

大衆磨坊（General Mills）擁有中國餐廳、義大利餐廳、牛排館、帕克兄弟玩具、伊左襯衫、錢幣、郵票、旅遊公司、零售商店等等，大都是六〇年代收購的事業。

六〇年代是惡化經營的全盛時代，足可媲美羅馬帝國過去在歐洲和北非大肆「收購」其他小國的情況。想找出一家六〇年代沒有惡化經營的優良公司還真不容易，當時所有最聰明、最好的公司都相信他們有辦法經營各種生意。

聯盟化學公司（Allied Chemical）除了廚具之外什麼都買，而很可能它接手的公司也有做過廚具的。湯姆斯米勒公司（Times Mirror）和莫克都有惡化經營的紀錄，但兩者都變聰明了，分別回到出版業和製藥業。

美國工業（U. S. Industries）一年之內收購了三百筆交易，他們乾脆改名叫每日買一家算了。比脆絲食品（Beatrice Foods）從可食產品進軍到不可食產品的領域，以後就無所不做了。

這個偉大的收購年代結束於一九七三到七四年的大崩盤，當時華爾街終於了解，最好最聰明的公司也沒有預期的睿智，即使是最能幹的公司負責人，也很難把所有的青蛙都變成王子。

這倒不是說收購一定就是蠢事，當自家生意很糟糕時，收購倒是個好主意，如果巴菲特一直留在紡織業，就沒有後來的其他事業。同樣的，提胥(Tisches)兄弟開始做連鎖電影院（洛伊電影院Loew's），接著介入烟草業，賺得的錢再投入保險公司（ＣＮＡ），然後便有能力在ＣＢＳ電視台取得極大的股份。訣竅在於你得知道如何選擇正確的收購對象，以及如何成功的經營。

想想美維爾(Melville)和金斯可(Genesco)這兩家製鞋公司，一家成功的分散投資，另一家卻成了惡化經營（附圖見附錄十一）。三十年前，美維爾只為自己旗下的鞋店生產男鞋，由於銷售量節節上升，它開始在其他鞋店設專櫃，Ｋ瑪特（Ｋ Mart)零售連鎖店是最值得注意的專櫃設置場所。Ｋ瑪特在一九六二年大量擴張，美維爾的利潤也跟著水漲船高。有了幾年的平價皮鞋零售經驗，該公司便開始進行收購活動，每項收購都建立在前一項成功的收購之上：一九六九年買了平價藥房CVS；一九七六年買了平價服裝連鎖店瑪莎爾(Marshall's)；一九八一年買了凱比玩具(KayBee Toys)。同一段時間裏，美維爾把製鞋廠的數量從一九六五年的二十二家降到一九八二年的一家，這家鞋業公司就這樣穩定而成功的轉形為多種貨品零售業。

金斯可就沒有美維爾順利，該公司在一九五六年買了好幾家商店，做起保險諮詢、珠寶、編織材料、紡織、牛仔褲，以及其他各種零售與批發生意，一方面它仍繼續生產皮鞋。一九五六到一九七三這十七年間，金斯可做了一百五十筆收購，這些交易大大增加了該公司的銷售業績，因此它的帳面愈來愈膨脹，但其基礎卻逐漸毀壞。

美維爾和金斯可的策略差異，從兩家公司的盈利和股票表現來看，孰優孰劣就很清楚了。兩種股票在一九七三到七四年間的空頭都受到傷害，但美維爾的盈利仍穩定成長，股票日後也回升了，到一九八七年，它漲了三十倍。而金斯可的財務狀況在一九七四年之後便持續惡化，其股票始終沒有起色。

為什麼美維爾會成功，而金斯可卻失敗？答案和「相乘效益」的概念有關，所謂「相乘效益」，是二加二等於五的奇妙理論，把相關生意放在一起，整個局面便一片看好。

比方說，相乘效益告訴我們，馬利歐特已擁有旅館和餐廳，如果它買下「大孩子」餐廳連鎖店，又收購了為監獄和大學預備餐食的附屬公司（大學生會告訴你，監獄食物和大學食物有許多相同之處），那麼這是很有道理的擴展。至於汽車零件或電動玩具，馬利歐特怎麼會懂？

事實上，收購有時會創造相乘效益，有時並不。生產刮鬍刀的吉利公司買下生產刮鬍水的公司，卻沒有連帶將洗髮精、乳液和其他衛生用品的生產線納入旗下；巴菲特買了糖果店、家具店到報紙，結果都成績斐然。這家公司對收購情有獨鍾。

如果一家公司非收購點什麼不可，我寧可看它買些相關的企業，如果什麼都買，會讓我很緊張。現金多多的公司很容易感到自己充滿力量，因此很容易付高價收購其他公司，並對收購對象期望過高，然後弄得管理不良。我寧可看到老老實實的買回自己的股票，這才是最純粹的相乘效益。

提防耳語股票

我經常接到為麥哲倫基金推薦股票的電話，通常打電話來的人會壓低聲音，彷彿在傳遞私人密語，他們會說：「我要告訴你這種一級棒股票，對你的基金或許太小，但你應該給自己看一看，妙不可言，會是個大贏家。」

這些都是一些「散彈」機會，又叫耳語股票，或者優秀的故事。這些故事傳到你耳中的同時，可能也傳到了我耳中：賣木瓜汁的公司證明其產品能治療疼痛（史密斯實驗室）；拯救叢林有良方；高科技新發展；自牛隻身上萃取的新抗體；各種奇蹟似的醫療法；違反物理定律的能源新突破等等。這些耳語往往傳述著某某公司就要一舉解決大家最近在頭痛的問題：石油短缺、毒品泛濫、愛滋病蔓延等。解決之道不是充滿想像力，就是複雜得令人難忘。

我最喜歡KMS，依據一九八〇到八二年的年報，該公司正在發展「非晶體矽光電子」，一九八四年則是「錄影複合機」和「光學針」，一九八五年較單純，「球型內裂化學處理法」，一九八六年則鑽研「鈍性局部核子融合計畫」。該公司股票從四十元直掉到兩塊半。後來靠著八股合成一股的方式，才免除了跌成幾分錢一股的命運。史密斯實驗室也從二十五元跌成了一塊錢。

我曾造訪位在舊金山的拜斯龐斯(Bioresponse)公司總部，算是回應他們到波士頓來看我。在舊金山一個相當破蔽的地區（這算是優點）一間辦公樓樓上，大廳的一側是決策階層之所在，另一邊則是一羣牛。我和總裁及會計談話時，技師正忙著做牛隻淋巴取樣。實驗室通常從老鼠身上取淋巴液，用牛隻成本較低，兩頭牛的胰島素便夠全美之用，而一克的牛隻淋巴液便夠做百萬次的醫藥測試。

很多家證券商都緊盯著拜斯龐斯的發展，也有很多公司公開推薦它。我在九三年第二次股票上市時，以九塊多買了這種股票，後來它曾漲到十六元，但現在已經不行了。還好我賣掉時只有小賠。

耳語股票具有催眠的效果，而故事本身也帶有感性訴求，這就是為什麼鐵板吱吱聲聽起來非常可口，你簡直忘記去注意到底有沒有牛排。如果我們都定期的投資這些股票，那麼我們大概都得需要做副業來彌補損失了。這類股票下跌之前都會先上漲，不過長期下來，我幾乎在每一項上面都賠過錢，以下僅舉幾個例子：——奇妙世界；披薩時代電影院；一二馬鈴薯；全國健康俱樂部（從十四元跌成五毛錢）；太陽世界航空（八元到五元）；阿漢布拉礦廠（可惜他們從來沒挖到一個好礦）；MGF石油（今天只剩幾分錢了）；美國手術中心（他們可真需要病人啊！）；亞絲貝特工業（現在只賣幾分錢）；美國太陽王（到被遺忘股票名單上找吧）；維克多繪圖微電腦（我應該和微電腦保持距離）；GD麗滋（速食業，但可不是麥當勞）等等。

所有這些繪聲繪影的股市名牌除了讓你賠錢之外，還有一項共同點，即好故事往往缺乏實際內容。這正是耳語股票的本質。

買這類股票的人可以免除深入分析盈餘的功課，因為通常這類股票是沒有盈餘可言的。也不必了解什麼是本益比，因為本益比也沒了，當然所有的希望和股票買賣的收入也都沒了。

我經常提醒自己（顯然往往並不成功），如果光明前景那麼顯而易見，那麼明、後年再來投資也不遲，為什麼不等一等，等到該公司創出某種成績再說？等著看它的獲利吧。你可以在已經證明了自己的公司找到十壘安打。有疑慮時則不妨等一等。

遇到精彩的名牌股時，總有人給你壓力，催你買下公司初次公開上市的股票（IPO），否則就太遲了。這幾乎都不是事實，當然，有些時候早早購買可以讓你在一天之內賺大錢。一九八〇年十月四日，基因科技公司（Genentech）一上市就賣了三十五元，同一天下午更攀高到八十九元，而後跌至七十一塊多。麥哲倫基金當時分配到一小部分（熱門上市股很難分一杯羹）。我在蘋果電腦上的成績比較好，第一天脫手時賺了兩成，而當時我想買多少就能買到多少，因為在公開上市的前一天，麻州政府便規定，只有聰明的買者能買蘋果電腦，對一般大眾而言，這種股票太專門了。我後來沒有再買蘋果電腦股，一直到它崩潰而又起死回生時才又去碰它。

一個全新企業的初次公開上市股風險甚大，因為一切都尚未開始，我雖然買過一路順風的股票（飛虎就是我的第一個漲了二十五倍的IPO），然而每四個IPO往往就有三個讓人失望。

從別家公司分出來的新公司，初次公開股的表現就好得多，重點是，新公司必須有舊紀錄可以審核。玩具反斗城就是這樣的公司，安全克靈也是，還有租車代理公司，這些都是小有所成的企業，你可以像研究可口可樂那樣研究它們。

小心居間型公司

有些公司把四分之一到一半的產品賣給同一客戶，這種情況你就要特別小心。SCI系統公司是一家管理完善的公司，也是IBM電腦零件的主要供應商，但你永遠想不到IBM何時會決定自己生產零件，或者根本不需要某些零件，而取消了SCI的合約。如果客戶的損失會成為供應商的大災難，我就會很謹慎的評估對供應商的投資。賣磁碟機零件的公司往往因為過度倚賴少數客戶，因而容易陷入困境。

大客戶具有無比的權力，可以殺供應商的價，或做其他的特權要求，讓供應商的利潤銳減。這類任人宰割的局面很難產生好投資。

小心名稱別緻的股票

可惜全錄不叫大衛乾印公司之類的名字，讓人們心存疑慮，裹足不前。一個無味的名字能把好公司的買者趕跑，而中等公司取個閃亮的名字，卻能造成安全的假象。只要用「先進」、「微」、「領先」之類的字眼，或在名字裡拼進X這個字母，大家就會愛上這種公司。UAL更名為阿爾吉斯（Allegis），希望能吸引現代的時髦人。真慶幸頂蓋、瓶塞與封口公司還維持舊名，如果它聽從公司形象改善顧問的建議，把名字改成原名的縮寫克洛克西，保證會引來一大堆大證券商密切注意，我們也就無利可圖了。

第十章　盈餘，盈餘，盈餘

假設你注意到山梭馬提公司(Sensormatic)發明了感應商標和防順手牽羊的警示系統，該公司自一九七九年到一九八三年間生意蒸蒸日上，股價從兩元漲到四十二元。你的股票經紀人告訴你，這是一家快速成長的小公司，你或許看了你的投資組合，發現上面有兩家穩定成長公司和三家循環股。你如何才能確定山梭馬提或其他股票的價格會上漲？如果你要買，該買多少？

你問的問題其實是，是什麼原因讓一家公司值錢？為什麼它的明天會更好？有很多理論可以提出解釋，但對我而言，答案都在盈餘和資產上，尤其是盈餘。有時候股價要花幾年的時間才能反映公司的價值，低迷時期有時長得讓投資人開始信心動搖。但基本面好的股票終將獲勝——有很多例子證明等待是值得的。

以盈餘和資產為基礎來分析一家公司的股票，其實無異於分析附近的一家洗衣店、藥房或公寓，以決定是否要購買。**股票並非彩券，這點有時不易牢記，股票是擁有一項企業的一部分。**

不妨以另一種方式思考盈餘和資產。如果你自己是一種股票，你的盈餘和資產將決定一個投資人付費支持你的行動的意願高低。以評估通用汽車的方式來評估自己，是一種很好的練習，能協助你了解這種研究的重要性。

資產指的是你所有的不動產、汽車、家具、衣物、地毯、船隻、工具、珠寶、高爾夫球證，以及所有可以在車庫大拍賣中擺出來的東西，如果你打算結束營業的話。當然你得扣除所有的未付抵押貸款、扣押、汽車貸款、其他向銀行及親朋鄰里借貸的款項、未付帳單、欠款、賭債等等。結果剩下的是你的底線或帳面值，或者實質資產。（如果算出來是負數，那麼你便得準備宣布破產。）

只要你沒有把自己也賣了還債，那麼便還有另一種價值：賺錢的能力。工作期間，你可以賺得數千元、數萬元或數百萬元，全看別人如何付你錢，以及你的工作有多賣力。此處的累積結果又會有很大的差異。

說到這裏，你或許會想到把自己歸入六種股票中的某一類，這是個有趣的遊戲：

工作穩定、薪資低、升遷慢的工作算是緩慢成長者，這種人相當於電力公司，圖書館員、學校教員和警察都算是緩慢成長者。

高薪資，又有調薪計畫可以期待的人，如中級主管，算是穩定成長者，是人力市場上的可口可樂和雷斯頓公司。

農人、旅館員工、休閒學者、暑期營工作者，以及聖誕樹專賣攤位工作者，都是在短期內賺一年的錢，再以節流方式善用這筆收入，算是循環股。作家和演員也算循環股，但他們有可能忽然賺進大筆財富，因此有成為快速成長股的潛力。

天生富有的人，靠信託基金生活的人，以及其他依賴家族財富過活的幸運兒，完全不必付出勞力，算是資產股，類似金礦和鐵路股票。這類人物最需釐清的一點是，結清所有債務、付清所有帳單之後，他們還有多少東西剩下。

街頭浪人、游手好閒的人、潦倒的失敗者、破產者、被公司解僱的人等等，都有起死回生的潛力，只要他們一息尚存，並握有一點本錢。

演員、投資人、土地開發者、小生意人、運動員、音樂家和罪犯都是潛在的快速成長者。這類人士的失敗率比穩定成長類高，但是一個成功的快速成長者收入可以大漲十倍、二十倍，甚至在一夜之間漲一百倍，相當於塔克鐘或史達普零售業的成績。

買快速成長公司的股票時，等於在賭它未來賺錢的機會，想像投資新成立的當肯甜甜圈公司就像投資未成名的哈里遜・福特，而可口可樂股就像一家大公司的律師。投資可口可樂似乎比投資還在洛杉磯做木工的哈里遜・福特理性得多，但是，看看哈里遜・福特拍了「星際大戰」之後，身價變得多高！

一般律師似乎不大會在一夜之間變成十壘安打，除非他打贏一樁高額的離婚案，而那個刮著船底貝殼類小生物的作家有可能變成海明威第二。(你投資前當然得先讀讀他的書！) 這就是為什麼投資人到處找有潛力的快速成長者，賭他們的股票上漲，即使這類公司現在一毛不賺——或者和股價比起來，盈餘微不足道。

你可以從任何統計圖上看出盈餘的重要，盈餘線通常就在股價線旁，到證券公司找股票統計圖冊，稍稍翻閱一下，圖上這兩條曲線總是相去不遠，股價有時會離盈餘線稍遠，但它遲早會折回來的。

人們會猜測日本人和韓國人在做什麼，而盈餘決定股票的命運這點卻無須猜測。人們會打賭股市的短期起落，但這些起落以長遠看，都掌控在盈餘手上。偶爾你會看到一個例外，但如果檢視一下你自己的股票曲線圖，想必會同意我的說法。

過去十年來，我們經歷了不景氣、通貨膨脹和油價漲跌，而一路下來，股票都隨著盈餘高低而起伏。看看道氏化學廠的股票曲線圖（附圖見附錄十二），盈餘高時股價就高，這個現象發生在一九七一到七五年，又發生在八五到八八年。在這期間，一九七五年到八五年，盈餘相當不穩定，股價也變動不已。

再看看雅芳（附圖見附錄十四），它的股票從一九五八年的三元跳到一九七二年的一百四，因為盈餘節節上升。一片看好中，雅芳的股價脫離盈餘的軌道而大幅膨脹，到了一九七三年，幻想破滅了，股價隨盈餘的崩潰而崩潰，你可以預見這個結果。富比士雜誌早在崩潰前十個月就以封面故事提出警告。

馬斯可公司開發出單手操控球形水龍頭，結果享受了連續三十年的成長，不管戰爭與和平，通貨膨脹和不景氣都一樣，在一九五八年到一九八七年之間，它的盈餘漲了八百倍，股價則漲了一千三百倍。這可能是資本主義史上最偉大的股票，一個名叫馬斯可螺旋產品公司的小角色，你開始時能有什麼期望呢？然而一旦它的盈餘持續攀高，就什麼也擋不住它了。

再看看修尼(Shoney's)餐廳連鎖店，連續一一六季（二十九年）進帳節節高升——很少有其他公司能創造這種紀錄。當然，它的股價也穩定成長著。某些時刻股價比盈餘跑得快，但很快便跌回實際情況，這可從（附圖見附錄十三）上看出。

馬利歐特是另一種偉大的成長股票，它的股票圖告訴我們同樣的故事。再看看有限服飾，盈餘升高，股價也跟著狂飆，而當股價遠高過盈餘，如一九八三年和一九八七年所示，結果便成了短期的大災難。一九八七年十月的股市大調整中，很多其他的股票也發生類似狀況。

（想知道股票是否飈價過高，最快速的辦法就是比較股價線和盈餘線，如果你買了熟悉的成長公司，如修尼餐廳、有限服飾或馬利歐特，而且是在股價低於盈餘線時買進，然後在股價遠超過盈餘線時賣出，應該就能大賺一筆。「雅芳就是個好例子！」我不特別鼓勵這種做法，但我知道太多更糟的策略。）

知名的本益比

認真談盈餘，必定會涉及市價獲利率(p/e ratio)，又稱本益比，或者市價—獲利倍數，或簡稱倍數。率是股價與公司盈餘間之關係的簡稱，各股票的本益比天天都刊登在大型報紙的股票行情表上，如下所示：

1988年9月13日（週二）華爾街日報

52週 高價	52週 低價	股票	股利	股利率	本益比	成交量以百股為單位	當日高價	當日低價	收盤價	淨漲跌
43 1/4	21 5/8	K超市	1.32	3.8	10	4696	35 1/8	34 1/2	35	+3/8

和盈餘線一樣，本益比是一種很好用的工具，可用來衡量股價是否偏高，還是

與該公司的賺錢潛力相當，或者偏低。

（某些情況下，報上列出的本益比高得不尋常，這往往是因為該公司用目前的短期盈餘來填補長期損失，造成了對盈餘的「打壓」。如果本益比看起來有點脫線，你可以要求證券商做說明。）

以今天的華爾街日報為例，K瑪特的本益比是十，這個值是由目前股價（三十五元一股）除以該公司前一會計年度十二個月的盈餘（每股三塊半）而得。三十五除以三．五便得到本益比十。

本益比也可以想成公司賺回你最初投資總額所需的年數——當然我們得假設這家公司的盈餘保持成長。假設你買了一百股K瑪特，花了三千五百元，目前的每股盈餘是三塊半，因此你的一百股每年可為你賺回三百五十元，十年才能賺回原來投資的三千五百元。不過你不必算計這些，本益比已經給你答案了，就是十年。

如果你買了一種股票，在盈餘漲一倍時賣掉（本益比為二），那麼你可以在兩年內賺回原來的投資，但如果股價是盈餘的四十倍（本益比為四十），那麼就要花四十年才能打平，那時雪兒大概都成了曾祖母了。既然到處都是低本益比的機會，為什麼還有人要買高本益比股票？因為他們想在林木場上挖掘哈里遜・福特。公司企業的盈餘並非固定不變，就像人的收入有變動一樣。

有些股票的本益比是四十，有的只有三，這告訴我們，許多投資人願意在某些公司未來的盈餘上下大賭注，而對某些公司的未來則相當存疑。看看報紙，你會驚訝本益比的數字差別竟有那麼大。

你還會發現，緩慢成長公司的本益比通常較低，快速成長公司則較高，而循環股則介於兩者之間。如果你遵循上面所說的邏輯，便能了解這個情況。公用事業的平均本益比（約為七到九）比穩定成長公司的平均本益比（十到十四）低，後者又低於快速成長公司（十四到二十）。有些投資人專找低本益比的股票，這對我而言卻沒有意義，我們不能拿橘子和蘋果相比，道氏化學廠的好本益比和渥瑪的好本益比情況根本不同。

再談本益比

如果要細談各種工業和各類公司的本益比，大概得寫上一整本書，而且沒有人願意讀。被本益比卡住不動是很傻的，但你也不能視而不見。你的證券經紀商應該是本益比分析的最佳人選，你可以先問你的股票本益比究竟偏高、偏低還是適中，有時你會聽到「這家公司以折扣價賣出」之類的話，這表示它的本益比在一個很合算的位置上。

證券商也能提供你公司本益比的紀錄，這種資料還可以在S＆P報導上或一般證券公司找到。買股票之前，你可能要先看看過去幾年來的本益比紀錄，了解其正常水平。（當然，新公司就沒有這類紀錄。）

比方你買可口可樂，先看看你付的錢和盈餘比起來，是否和過去的投資人為盈餘而付的代價差不多。本益比可以給你答案。

（「價值線投資研究（Value Line Investment Survey）」在美國各大圖書館都

能找到，證券公司也大都有此刊物，這是追尋本益比歷史的絕佳園地。事實上，「價值線」提供的數據足以滿足一般業餘投資人的需求，其妙用僅次於擁有私人的證券分析師。）

如果你記不住本益比的細節，只要記住，別買本益比高得離奇的股票，如此可避免賠錢受氣。太高的本益比對股票通常是有害的，就像鞍座太重對賽馬不利一樣。

本益比高的公司須以極高的盈餘成長來擺平股價偏高的情況，一九七二年，麥當勞和現在一樣是個好公司，但它的股價高達每股七十五元，使得它的本益比高達五十。麥當勞絕對無法達到這種期望，股價不久便跌回二十五元，本益比回到比較實際的十三，麥當勞沒有問題，一九七二年的七十五元是太高了，如此而已。

如果麥當勞股價太高，不妨看看羅斯・斐洛的公司，電子數據系統公司（EDS），六〇年代末的熱門股票。我看到這家公司的紀錄時，幾乎不敢相信我的眼睛，它的本益比高達五〇〇！如果盈餘成長穩定，投資人得花上五世紀才能拿回資金。不僅如此，寫這份紀錄報告的分析師還說這個本益比數據相當保守，因為E

DS的本益比可到達一千。

如果你投資一個本益比一千的公司，那麼今天想打平，你非得在亞瑟王在英格蘭遊蕩時就開始投資不可。

我真希望留住那份報告，並且把它加框掛在辦公室牆上，就掛在另一家證券商的通知旁邊，那張通知寫道：「因破產故，此股票已自投資單上除名。」

EDS接下來幾年表現甚好，盈餘和銷售額都大幅上揚，每件事情都做得極成功，EDS的股票卻是另一個故事，其價格在一九七四年從四十元跌到三元，倒不是公司總部出了問題，而是因為它的股價高得空前絕後。你會聽到人們說某些公司的未來表現和股價比較起來「打了折扣」，EDS的投資人可以說，此後該公司的一切表現和股價比起來都算打了折扣。稍後我還會提到這家公司。

雅芳一股賣到一百四十，本益比高達六十四——當然，離EDS的紀錄還很遙遠。重點是，雅芳是一家大公司，小公司要達到六十四的本益比的期望都要靠奇蹟了，而像雅芳這種規模的公司，銷售額已達數十億，要再多賣幾百億元的化粧品才能達到目標？事實上，有人算過，雅芳要打平六十四的本益比，非比鋼鐵業、石油業和加州所得的總合還要賺得多才行。但你能賣掉多少乳液和古龍水？結果雅芳的盈餘完全沒有成長，甚至下跌了，股價自然也隨之重挫，成了一九七四年的十九元不到。

同樣的事情發生在拍立得，這是另一家有實力的公司，有三十二年的財富當靠山，卻在十八個月內失去八成的價值。它的股票在一九七三年賣到一四三元，到了七四年，只剩十四元多，到了一九七八年跳回六十元，然後又跌到一九八一年的十九元。一九七三年行情最好時，拍立得的本益比高達五十，之所以這麼高是因為預期新產品SX-70攝影機將帶來厚利，但這種攝影機和底片標價過高，還有操作上的問題，人們遂失去興趣。

期望高得不切實際，即使SX-70成功了，仍得達到每四個美國家庭擁有一部SX-70，才能賺到足夠的利潤來滿足高本益比。即使這種相機大為成功，仍不能對股票有太多幫助，而這種相機表現平平，因此成了股市的一項壞消息。

股市的本益比

公司的本益比並非憑空存在，整個股市有它自己的整體本益比，可用來判斷股市大致行情是否過高或過低。我知道我曾經建議你別管股市的情況，但是，如果你發現有一些股票的價錢比起盈餘來顯得過於膨脹，那麼很可能大部分股票的價錢都偏高，這正是一九七三到七四年的大崩盤之前的情況，一九八七年的大調整之前也有類似狀況。

最近這五年多頭（一九八二年到八七年）期間，你可以看到股市的整體本益比逐漸攀高，從八升到十六，這表示一九八七年的投資人願意付兩倍於一九八二年的錢來買同一公司的同樣盈餘——這是一項警告，顯示股價已經太高了。

利率高低對本益比高低有很大的影響，因為投資人在利率低時會多做股票投資，少碰債券。但除了利率之外，多頭的樂觀氣氛也會將本益比拉高到荒謬的地步，就像EDS、雅芳和拍立得一樣。樂觀氣氛彌漫時，快速成長公司的本益比往往高得只能在夢境中得到滿意的回應，而緩慢成長公司的本益比應該保留給快速成長公司，股市本身的本益比在一九七一年達到了顛峰。

任何本益比的學生都可以看出這簡直瘋狂，我真希望他們之中有任何一個人告訴我這句話。一九七三到七四年的大調整，是三〇年代以來最激烈的。

未來的盈餘

未來的盈餘——真是個大難題，你怎麼能預測這項盈餘呢？目前的盈餘頂多只能讓你用來判斷股票價格是否合理。如果你仔細做了這種研究，就不會在本益比高達四十時，買拍立得或雅芳的股票，也不會花太高的代價買可口可樂或麥當勞。不過你真正想知道的是，下個月、下一年或幾年之後的盈餘情況。

畢竟盈餘應該是成長的，每個股票價格都包含了對盈餘成長的期望。

數量驚人的分析師和估算專家都致力於未來成長與盈餘狀況的猜測工作，你可以找最新的財經雜誌來看看，就會發現他們猜錯的機率有多高（和「盈餘」這個字眼放在一起的一個常見字眼是「驚奇」）。我並不打算建議你自行預測盈餘和盈餘的成長，或告訴你如何預測比較準。

一旦嚴肅看待這項遊戲，你便會看到很多股票的盈餘上揚，價格卻下跌，因為專業分析師和他們的顧客預期盈餘應該更高；或者你會看到有些股票盈餘下降，價格卻升高，因為同一羣人預期其盈餘會更低，這些情況會讓你感到迷惑。當然有短期異常情況會出現，讓注意到的持股人覺得沮喪不安。

如果你無法預測未來的盈餘，至少可以找出公司「如何」計畫增加其盈餘，然後你再定期檢查，看看它的計畫是否付諸實行。

一般說來，公司有五種基本方法可以增加盈餘（註）：降低成本，提高價格，拓展新市場，在原有市場上銷售更多產品，或者將賠錢的部分關閉、出售或重新整頓。你研究一家公司的故事時，須就這些重點做調查，如果你的情況占了某種優勢，那麼這將對你有莫大的幫助。

註：很多人弄不清股息和我們這章所討論的盈餘。一家公司的盈餘是指每一年扣除開銷和稅負之後剩下的利潤；股息則是指公司付給持股人的利潤，作為他們持

有股份的紅利之一。公司可能有很高的盈餘，卻完全不分股息。

第十一章　兩次牛刀小試

你已經知道你的股票是緩慢成長股、穩定成長股、快速成長股、起死回生股、資產股，或者循環股。本益比也讓你對股票目前市價是否過高或過低有了粗略的了解，接下來應該儘可能了解公司如何增加財富、刺激成長，以及未來會有什麼好事發生，這些正是我所謂的「故事」。

除了資產股之外（這類股票你大可坐等不動產或石油礦或電視頻道被發掘），盈餘要增加，必須有某些驅動力出現，你對這類活動愈有概念，要追蹤故事發展便愈容易。

你從證券公司拿到的某公司的分析報告，以及從「價值線」看到的短篇報導，提供你專業版的故事，不過，如果你在該公司或該行業占有一席之地，你就能自己發展出一個故事，並且加進許多有用的細節。

買股票之前，我會先以兩分鐘的獨白告訴自己，我為什麼對這種股票有興趣，這家公司如果成功，會有什麼成績出現，眼前可能有什麼阻礙等等。兩分鐘獨白可以是喃喃低語，也可以用同事聽得到的音量，一旦你能把一種股票的故事說給你的家人、朋友或你的狗聽（這故事可不能只是「公車上有個傢伙說這種股票一定賺」而已），讓小孩都能聽懂，那麼便表示你已經掌握狀況了。

獨白時有些重點要面對：

如果是緩慢成長公司，那麼你應該是為了股票而投資。（否則何必買這種股票？）因此你的故事應具備以下重要元素：「這家公司過去十年來，年年都提高股息，不論景氣好壞都不例外，甚至過去三次不景氣期間都沒有破例。這是一家電話公司，而新的行動電話生意對它的成長率應有正面影響。」

如果是循環公司，那麼你的故事便應包含生意狀況、存貨量和價格。「汽車業有三年的低潮期，但今年情況開始好轉了。我知道這點，因為汽車銷售成績在全國各地都上升了，這是很久沒有出現的情況。我注意到通用汽車的新車型賣得相當好，而過去十八個月以來，該公司已經關閉了五個效率不佳的工廠，削減百分之二十的勞工成本，盈餘就要大幅上揚。」

如果是資產股，要弄清楚是什麼資產？值多少錢？「股票賣八塊錢，但光是錄影帶部門就值一股四元，而不動產又值七元一股，他們自己人都在買，而該公司的盈餘穩定，又沒有負債。」

如果是起死回生股，那麼要問的是這家公司是否實施了改善措施？該措施到目前為止是否有效？大眾磨坊在補救惡化經營方面已大有成效，十一種基本生意現在只剩下兩種，賣出旗下子公司時還賺了一些錢。大眾磨坊現在又回來做它最拿手的餐廳業和食品包裝業，該公司還買回幾百萬自己的股份，而它的海鮮生意副業的市場占有率，已經從七％成長到二五％。他們新推出低熱量優酪乳、無膽固醇甜餅，以及微波爐布朗尼巧克力餅，盈餘節節高升。

如果是穩定成長股，那麼關鍵問題應當是本益比，看看股價最近幾個月間是否有飛漲的情況，如果有，看看是什麼因素造成這個現象。你可能對自己說：「可口可樂以相當低的本益比出售，這種股票兩年來都沒什麼變動，而該公司卻有許多改進的做法，它將手上的哥倫比亞電影公司股份賣出一半給大眾，健怡可樂的銷路戲劇性的大增，而去年日本人喝的可口可樂比前年多出三六％，這些都是市場上看得到的進步。國外銷售成績大致說來都很好，另外，可口可樂公司還以特別的股票替換條件，買回許多獨立的地區運銷公司，現在該公司在美國國內的運銷網方面有更大的控制權。這種種因素都讓可口可樂變得比一般人想像的更好。」

如果是個快速成長公司，那麼它要如何保持快速成長？又要往哪裡成長呢？「拉昆塔這家汽車旅館連鎖業在德州發跡，並在那裡賺了錢。該公司成功的把經營模式搬到阿肯色州和路易斯安那州，去年它的旅館數量比前一年成長了兩成，盈餘則是每一季都向上攀升，該公司還計畫要更迅速的擴張。債務不是問題，汽車旅館是低成長工業，競爭相當激烈，但拉昆塔占了一些優勢，這個市場離飽和點還很遙遠。」

這些是一個故事的主要重點，其他細節自然愈多愈好，知道愈多愈有利。我往往花幾個小時拼出一個故事，當然有時不需要這麼久。讓我給你兩個例子，有一家我查得清清楚楚，另一家我忘了問一件重要的事，第一家是拉昆塔，讓我賺了十五倍；第二家是比德諾，我整整賠了十五倍。

調查拉昆塔

有一段時期，我判斷汽車旅館業是種開始走上坡的循環股，我已經投資聯合旅館了，這是假日旅館最大的加盟旅館；我一面還豎著耳朵，傾聽其他的機會。在一次與聯合旅館副總裁的電話訪談中，我問到誰是假日旅館最成功的競爭對手。詢問競爭狀況是找尋值得信賴的新股票最常用的「伎倆」，說競爭者的壞話通常沒多大意義，但如果一家公司的決策者承認其對手的某種表現讓他印象深刻，你可以打賭那家對手公司必有可觀之處。沒有什麼比對手的讚美更具增值相的了。聯合旅館副總裁說：「拉昆塔汽車旅館做得不錯，他們在達拉斯和休斯頓讓我們很不好過。」他顯然對他們印象深刻，我也是。

這是我第一次聽到拉昆塔的名字，但我一結束這次電話訪談，便立即打電話到位於聖安東尼歐的拉昆塔總公司，打聽他們的故事。總裁華特·比格勒（Walter Biegler）告訴我，兩天後他將到波士頓參加會議，屆時他將樂意親自前來告訴我拉昆塔的故事。

就在掛了聯合旅館的電話和打電話給拉昆塔旅館這短短幾分鐘的時間裏，整件事情聽起來像是刻意安排的，有心騙我去買數百萬股股份的生意。但我兩天後聽到比格勒的說明後，便知道這不是刻意安排的圈套，真想騙我的話，應該是設法讓我不買這種精彩股票才對。

概念其實很簡單，拉昆塔提供假日旅館等級的客房，價錢卻比較低。房間的大小和假日旅館一樣，床鋪也一樣軟硬適中（汽車旅館業有諮詢專家，專門建議這類細節），浴廁設備一樣好，泳池一樣好，但住宿費卻少了三成。這怎麼可能呢？我想知道答案，比格勒進一步做說明。

拉昆塔不設結婚禮堂、會議廳、大會客區、廚房和餐廳——這些額外的空間對利潤毫無幫助，還增加維護成本。拉昆塔想在每一家連鎖旅館旁邊開設一家丹尼餐廳（Denny's）或類似的二十四小時營業餐廳，它自己不擁有餐廳，食物的事讓別人去煩惱。假日旅館的餐廳並沒有名菜，因此拉昆塔放棄的顯然並不是什麼有賣點的東西，它這項做法省下了大筆資金投資，也避開了可能的麻煩。結果我們發現，大部分的旅館和汽車旅館的餐廳都賠錢，而顧客的抱怨有百分之九十五是來自餐廳。

我一向喜歡從投資訪談中學點新東西，比格勒先生讓我了解了，旅館的顧客付的住宿費，通常是該客房價值的千分之一，如果紐約的五星級大飯店一個房間價值四十萬美元，那麼你在那裏住一晚，大概得付四百元，而一般旅館或汽車旅館房間建造成本如果是兩萬元，那麼住一晚大概只要二十元。拉昆塔的建造成本比假日旅館少三成，因此我可以了解為什麼它的住宿費可以比假日旅館低三成。

地利在哪裏呢？我想知道，公路上已有數百家汽車旅館了。比格勒先生說，他們設立特定目標：不太注意平價旅館的小生意人，如果可以選擇，他會願意以低於假日旅館的價錢，得到相同等級的享受。拉昆塔便提供相同的享受，而它的地點往往又對旅行洽公的商人更方便。

假日旅館想為所有的旅客提供所有的服務，因此通常蓋在大交流道出口處。拉昆塔則把旅館蓋在商業區、政府機關、醫院和工業區附近，正是它的客戶去做生意的地方。同時因為顧客大多是來洽公而非度假的，因此他們大多預先訂房，讓拉昆塔的顧客流量更穩定可期。

沒有人鎖定這個部分的市場，介於希爾頓大飯店和平價旅館之間的中間地帶。此外，其他同業想成為拉昆塔的新勁敵，絕對逃不過華爾街的耳目。這是我喜好餐廳、旅館股更甚於科技股的原因之一——你一旦投資一項新興科技，就會發現更新的新科技很快便從另一家實驗室冒出來。即將成立的新旅館連鎖或餐廳連鎖很容易被看到，你不可能在一夜之間蓋出一百家分店，而如果新對手出現在其他地區，對你的投資影響便等於零。

還有成本問題，小型新公司從事旅館業，光是建造費便足以讓它們負債多年，比格勒向我保證了這點，他說，拉昆塔有許多降低成本的做法，比方蓋一百二十個房間的旅館，而非兩百五十房間的大旅館，規模小一點的旅館可以讓一對退休的老夫妻住在裏面順帶管理，如此可節省許多人事費。最讓人印象深刻的是，拉昆塔與大型保險公司簽了約，以相當優厚的條件提供所有的融資，交換條件是讓保險公司分享一部分利潤。

保險公司成了拉昆塔的合夥人，分攤其成功與失敗，因此顯然不會提供過苛的貸款條件，讓該公司一旦拖帳時就有破產的危險。事實上，有了保險公司的資金來源，拉昆塔才得以在一個資金密集的行業裏迅速成長，而不至於欠下銀行的債務（參閱第十三章）。

我很快便對比格勒和他的員工面面俱到的經營方式感到十分滿意，拉昆塔是一個精彩的故事，不是什麼有潛力、有前途、即將發跡的神話。如果精彩策略尚未付諸實行，別急著做投資。

比格勒到我辦公室時，拉昆塔已經營了四、五年，第一家拉昆塔的模式已在許多不同地點複製成功。該公司一年竟成長五〇%，股票則以十倍於盈餘的價錢出售，這使得投資這種股票特別划算。我知道還有很多家拉昆塔就要開張，因此我可以預期未來的發展。

錦上添花，我很高興的發現，一九七八年只有三家證券商注意到這家公司，它的股票只有二〇%握在大證券商手中。在我看來，唯一的缺點是這家公司不夠乏味。

談話結束之後，我接著花了三個晚上住在三家不同的拉昆塔旅館，都是到其他公司做商務之旅時的夜宿經驗。我在床上跳了跳，把腳拇指泡進泳池最淺的地方（我不會游泳），用力拉扯窗帘，扭擠毛巾，最後同意拉昆塔是和假日旅館一樣好。

拉昆塔故事的每個細節我都查過了，但即使如此，我幾乎都要打消購買的念頭了，這種股票前一年漲了一倍倒沒什麼——它的本益比比起成長率，還是很吸引人的，讓我感到困擾的是，有個重要的該公司大股東竟以半價賣出他的拉昆塔股票。（我後來才發現，這位拉昆塔的創始人之一之所以這麼做，不過是改變他的投資組合而已。）

所幸我提醒自己，只因為一個大股東賣掉股票就否決該股票，實在是很不智的，然後我儘可能為麥哲倫基金買下最多的拉昆塔股票。十年下來，這項投資讓我賺了十一倍，後來該公司受到產石油的各州大不景氣的影響，開始走下坡。最近這家公司成了資產股與起死回生股的混合體。

比德諾，唉！

在拉昆塔沒犯的錯，卻犯在比德諾父子公司上。投資比德諾是最佳反面教材，當你迷上一種企業，問了一堆問題，獨獨漏掉最重要的一個，結果便會給你致命的一擊。

比德諾是一家特殊食品店，位在我辦公室對面的街上，我住的小鎮上也有一家比德諾，不過現在已經沒有了。比德諾賣的是現做三明治和預做熱食，是一種介於便利商店和三顆星餐廳之間的商店，我對他們的三明治太了解了，因為幾年來，我幾乎天天拿它當午餐，這是我在比德諾上的優勢：我有第一手資料，知道他們有全波士頓最好的麵包和三明治。

故事是這樣的：比德諾計畫擴展業務到其他城市，因此打算公開上市籌資。聽起來挺不錯，該公司占了一個完美的市場利基——數百萬白領階級受不了吃塑膠袋包裹的三明治，卻又不肯自己下廚，他們都是目標顧客。

比德諾的外帶餐早已是上班族的福音，夫妻倆都上班，工作結束後已累得無法下廚，又希望有一些像廚房端出來的東西當晚餐，回到郊區的住處之前，他們可以到比德諾買點精心設計的晚餐，加了法國式豆子、沙拉醬和杏仁果什麼的，如果他們自己還下廚，大概會做的那類的菜。

我做了營運調查，到店裏到處走動參觀，這家坐落在對街的老店很乾淨、有效率，並坐滿心滿意足的雅痞顧客。我聽說比德諾計畫發行股票，並打算依此模式開更多門市，心中之興奮不難理解。

從該股票提供的募股章程看來，我知道該公司不會負荷額外的銀行債務，這是個優點。它會為新店面租下營業空間，而不是買下整塊地，這也是個優點。我沒有再調查，便在一九八六年九月以十三元的上市價買了這種股票。

股票上市後，比德諾在波士頓幾家百貨公司開了新門市，這些都沒做起來。不久它在曼哈頓開了三家新店，完全打不過一般食品店。它又往更遠的城市發展，包括亞特蘭大，由於開銷比股票所得大得多，比德諾很快便入不敷出了。一次犯一、兩個錯誤還不至於造成太大傷害，但比德諾並沒有因而謹慎行事，反而犯下更多更大的錯誤。該公司終究還是學乖了，而創辦人吉姆・比德諾是個開朗、勤奮的聰明人，但是資金一旦耗盡，就沒有第二次機會了。真可惜，因為我以為比德諾可以是塔克鐘第二。（我說了「塔克鐘第二」嗎？這可真是一開始就詛咒它了。）

它的股票最後只剩下一毛多，店面一家家關門大吉，只剩對街這一家，比德諾的樂觀新目標是避免走上破產之路，但似乎無法回頭了。我逐步把手上的股份在賠五成到九成五之間賣掉了。

我現在還是吃比德諾的三明治，而每咬一口就提醒我一次，我犯了多大的錯誤，我沒有耐心等待，看看這個地方上的好生意是否真能在其他地方成功。成功的外移策略能把地方上的墨西哥餅店變成塔克鐘，把地方上的服裝店變成有限服飾，但除非一家公司證明了它的外移策略可行，否則不必急著買它的股票。

如果成功的原型出現在德州，你大可等到它在伊利諾或緬因也同樣成功再說。這正是我忘記問比德諾的：這個點子在其他地方可行嗎？我應該擔心管理人才不足，擔心它的經濟來源有限，更應該擔心它無法從最早的幾項錯誤中活過來。

停止投資一家不成功的企業永遠沒有太遲的時候，如果我等等再買比德諾，大概就根本不會買了，我實在該早早把股票賣掉的，很顯然那兩家百貨公司裏的門市做不起來時，比德諾的問題就出現了，當時收手正是時候，不等更壞的牌出現才脫身，我那時一定在牌桌上睡著了。

他們的三明治倒是還很好吃。

第十二章　找尋事實

當一名基金經理人雖然有許多壞處，但確有一項好處：公司會和我們談話，只要我們願意，一星期可以談上幾次。有一些人希望你買幾百萬股他們的股票時，你會訝異自己有多受歡迎，我從美國此岸飛到彼岸，拜訪一個又一個的大好機會，總裁、主席、副總裁和分析師紛紛告訴我——他們的資金開銷、支出計畫、降低成本計畫，以及任何與未來發展有關的計畫。投資組合經理們也會互相交換情報，而如果我不能去拜訪公司，公司便會來拜訪我。

另一方面，我想像不出有任何值得探聽的事情是業餘人士探聽不到的，所有必要的事實都俯拾皆是。過去或許並非如此，但現在是了。最近公司都必須在募股章程、季報和年報上坦白各種業務細節。工業貿易協會在其相同刊物上報導該工業的大致現況。（各公司也都樂於寄贈公司新聞刊物，在閒談式的文字中，你可以不時找到一些有用的資料。）

我知道謠言一向比公開資訊更刺激，這就是為什麼在餐廳聽來的鄰座閒談——比方「固特異今年要狂飆了。」——比固特異提供的書面資料更有分量。古老的口耳相傳法則依然適用：消息來源愈神秘，內容便愈有價值。或許企業公司在年報和季報上蓋「機密」章，或者用牛皮紙公文袋寄出去，收函者會比較當一回事。

年報上沒有的東西，你可以請教股票經紀人，或者打電話問公司，甚至親自去走訪發行股票的公司，也可以做些草根研究，這又稱為踢輪胎。

充分利用證券經紀商

如果你透過全時服務的證券商買賣股票，而非從折扣店手中從事交易，那麼你大概要付每股三毛錢的佣金，錢雖不多，但你應該花得值回票價，不要只收收聖誕卡和證券商的各項新點子。記住，經紀商填一張股票買賣單只花四秒，另外花十五秒送到交易桌上。這項工作有時是由信差或小弟去辦理。

人們在加油站付錢時，會順便要求檢查機油，還外帶洗車窗，在證券商那裡卻毫無所求，怎麼會這樣？或許客戶一星期會打一、兩次電話，問問：「我的股票怎麼樣？」或「股市狀況如何？」然而，打探投資組合此刻的價值並不算投資研究。我知道股票經紀人同時也是投資指導、市場預言者，以及股價波動時的鎮定劑。不過這些都不能幫你挑中好股票。

早在十九世紀時，詩人雪萊便注意到股票經紀人（至少其中之一）極願意向客戶伸出援手。「我認識的人當中，只有一個是慷慨而且有錢可供他慷慨的，他是個股票經紀人，這不是很奇怪嗎？」今天的經紀人或許比較不會再給客戶大筆捐助款項，但身為資料蒐集人，他們可以是股票投資人最好的朋友，他們可以提供S&P報導和投資新聞信、年報、季報、募股章程、委託書、「價值線」（Value Line）研究報告，以及證券公司分析師的研究。讓他們幫你找本益比和成長率的數據，還有大股東及大證券商持股變動情形。他們會樂於提供服務，尤其知道你是誠心誠意想知道。

如果你把經紀人當做諮詢顧問（通常是有勇無謀的做法，但有時卻是值得的），那麼不妨要求他花兩分鐘時間介紹他推薦的股票，你還得出其不意的問這位經紀人一些我前面列過的問題，以下是一次典型的對話——

經紀人：「我們推薦賽爾公司，這是個特殊狀況股。」

你：「你真的覺得這種股票好嗎？」

經紀人：「是的。」

你：「好，我買。」

——這樣的對話不妨轉換成：

經紀人：「我們推薦拉昆塔汽車旅館，這種股票剛列入我們的購買名單上。」

你：「這是那一類的股票？循環股、緩慢成長、快速成長或別的？」

經紀人：「當然是快速成長股。」

你：「多快？它最近的盈餘成長率是多少？」

經紀人：「我不知道，手邊正好沒這份資料，我可以幫你查。」

你：「謝謝，既然要查，能不能順便把本益比和歷年資料一起找來？」

經紀人：「當然沒問題。」

你：「為什麼現在是買拉昆塔的時機？市場如何？拉昆塔現在賺錢嗎？它要往哪裏擴張？債務狀況如何？要擴充又不願意多賣股票來稀釋盈餘，經費怎麼來？他們自己人買不買股票？」

經紀人：「我們的分析師報告書上會有這些解答才對。」

你：「給我一份吧，我讀過就還你。我還想要一張過去五年的股價對盈餘資料圖。我想知道股息的情況，他們有沒有股息？是不是定期給？順便再找找證券商持股比例，還有，你們的分析師觀察這種股票有多久了？」

經紀人：「就這些嗎？」

你：「我先讀了報告再說，也許我還會打電話給該公司……」

經紀人：「別拖太久，現在是最佳進場時機。」

你：「十月？你知道馬克吐溫說過的：『十月是思考股票最危險的月分之一。其他的危險月分是七月、一月、九月、四月、十一月、五月、三月、六月、十二月、八月和二月。』」

打電話給股票公司

專業投資人經常給公司打電話，業餘投資人卻想都沒想過。如果你有任何疑問，投資人關係部門是得到解答的最佳處所。這是經紀人可以做的另一件事：給你適當的電話號碼。很多公司都願意和握有一百股股票的投資人交換意見，如果是一家小公司，你可能有機會和總裁講上話。

偶爾你會遇到愛理不理的投資人關係部門，那麼你大可告訴他們，你買了兩萬股他們的股票，現在正在考慮是否要加倍投資。然後你可以不經意的提到你的持股是名列「華爾街名單」的，這應該能讓對方熱心起來。我並不鼓勵你這麼做，但有時說個小謊無傷大雅，而對方逮到真相的機會是零。該公司必須相信你有兩萬股股票，因為華爾街各證券商的持股情形乃是以總數的方式呈現的，而且和一大堆沒有區分的數據放在一起。

你打電話給公司之前，最好先準備好你的問題，但別問：「為什麼這種股票會下跌？」這個問題一問出來，對方馬上會把你看成生手，認為你不值得認真看待。通常上市公司並不知道它的股票為什麼會下跌。

盈餘是個好話題，但如果你問一家公司：「你們打算賺多少？」似乎並不很恰當，因為這就像陌生人問你有多少收入一樣。這個問題應該以間接的方式提出比較容易被接受：「華爾街估計你們公司未來一年的盈餘是多少？」

你現在應該已經知道，未來的盈餘是很難預估的，即使是專業分析師也經常大幅變更他們的預測，公司自己更不知道他們能賺多少。寶鹼的人比較有辦法預估，因為該公司生產八十二種產品，有一百種不同的品牌，並且銷售到一〇七個不同的國家，因此可以大致算出結果。而雷諾五金就無法估算了，因為它全賴鋁價高低來決定盈虧。如果你問菲普斯·道奇明年的盈餘如何，它會反問你銅價會有何變化。

你真正想從投資人關係部門得到的是該公司對你拼湊起來的故事有何反應。你的故事有道理嗎？有沒有用呢？如果你懷疑某種新藥對史密克林的盈餘會有幫助，該公司能為你解惑——他們還能給你該藥品最近的銷售數字。

固特異輪胎真的有兩個月的預約訂單等在前面嗎？而輪胎價格果然如你在自家附近觀察後推斷的，會開始漲價？塔克鐘今年要增加幾家分店？百威啤酒今年的市場占有率會增加多少？伯利恒鋼鐵廠是否全線開動？有線電視台自估的身價有多高？如果你的故事線很明確，就會知道有哪些重點該檢視。

你最好問一、兩個問題，讓對方知道你已經做過研究，比方：「我在去年的年報中看到你們把債務減掉了五億元，剩下的債務你們打算如何處理？」這比泛泛的問：「你們打算如何應付債務？」要來得好，對方也會給你比較詳細的回答。

就算你沒有故事，還是可以問幾個一般的問題：「今年有什麼正面消息？」或者「有什麼不利的消息？」他們也許會告訴你，喬治亞廠去年賠了一千萬元，但現在已經關掉了；或者某個生產力差的分支現在已經賣掉換現金了。也許有些新產品問世，會加速成長率，一九八七年時，史特靈製藥會告訴你最近的醫藥新聞讓阿斯匹靈大大暢銷。

在負面消息方面，你會得知勞工成本增高，或者某項主力產品需求降低，或者一家新的競爭對手出現，或者美金升（或貶）值將降低利潤等。如果是你所穿服飾的生產公司，你或許會發現今年的新款式賣得不好，庫存量增加了。

最後，你可以整合這次談話內容：三項負面消息，四項正面消息。多數情況下，你會聽到一些可以證實你心中疑慮的東西，如果你熟悉該行業就更是如此。但偶爾你會發現一些預期不到的東西，有時是好消息，有時是壞消息。意料之外的情況往往能讓你在買或賣股票時大賺一筆。

據我做功課的經驗，每十通電話中往往會有一通顯得不尋常。如果我打電話給生意低落的公司，那麼有九家公司會讓你覺得他們的確有理由生意不好，而第十家卻有一些樂觀的因素，是一般人忽略的。同樣的，看似健全興旺的公司，十家之中會有一家虛有其表。如果我打一百通電話，就會找到十個意外，如果打一千通，當然就會找到一百家。

別擔心，你沒有買一千種股票，就不必打一千通電話。

你能相信嗎？

公司多半會以誠實而直截了當的態度與投資人對談，他們都知道真相不久就會出現在下一季季報上，因此，像華府那樣掩蓋事實，對他們並沒有好處。這些年來，我聽過不下數千次的簡報，由公司那一方說出他們自己的故事——即使生意壞得不能再壞的公司也會來做簡報——其中只有極少數的例子是惡意誤導聽衆的。

因此當你打電話給投資人關係室，你可以相信自己聽到的事情都是正確的。不過，形容詞的部分必須特別小心，不同的公司有不同的方式可以描述同樣的事情。以紡織業為例，紡織公司早在十九世紀便已存在，JP史蒂文生(JP Stevens)創立於一八九九年，西點佩蕾（West Point-Pepperell）則創立於一八六六年——這些老字號相當於美國革命的女兒。你經歷了六次戰爭、十次大景氣、十五次衰退和三十六次蕭條，大概再也不會被什麼新事物刺激到，同時也堅強得足以隨時坦承各種災禍。

紡織品公司的投資人關係室早已不做自衛，他們在生意極好時也不特別興奮，生意不錯時自然面帶沮喪。生意如果不好，你光聽對方的回答，會以為該公司的主管們就要拿細棉布打成繩子，在辦公室的窗戶上把自己吊死。

假設你打電話詢問羊毛紡織品的生意，他們說：「馬馬虎虎。」接著你問人造纖維襯衫的情況，他們說：「不怎麼樣。」「牛仔布呢？」你又問。「喔，有點好轉。」但等到他們給你真正的數據，你才知道這家公司的業績好極了。

這是紡織業常有的情況，一般說來，成熟的工業大多如此。抬頭看著同一片天空，成熟企業的人會看到烏雲，不成熟企業的人卻會看到餡餅。

以服飾業為例，這些從紡織業手上拿原料製作成品的公司，存在時間多半短暫，很容易永遠消失。從這類公司宣布破產的數量看來，你會以為破產也是該行業活動的一部分。不過你永遠不會從服飾業者口中聽到「馬馬虎虎」這個字眼，哪怕生意再壞也一樣。服飾業者即使在遇上零售業的「黑死病」時，也會說情況「基本上還好」。事情基本上還好時，你會聽到他們說「妙極了」、「不可置信」、「精彩」

和「舉世無雙」等等。

科技業和電腦軟體業者也是一樣樂觀得不可救藥。你幾乎可以預期，企業愈沒有根柢，當事人的措辭便愈樂觀。我聽軟體業者的說法，簡直要以為軟體業從來沒有衰退的紀錄，當然，他們為什麼不該樂觀呢？軟體業者的競爭那麼激烈，你非得表示樂觀不可。如果你一副缺乏信心的樣子，那麼其他口角生春的同行就會奪去所有的合約了。

但投資人沒有理由浪費時間在譯解企業界的用字遣詞上。別理會那些形容詞才是上策。

拜訪公司總部

股票持有人最大的快樂之一是可以拜訪你持有股份的公司。如果是鄰近地區的公司，那麼便很容易約定拜訪時間，他們會樂於為持有兩萬股股票的投資人安排參觀活動。如果是在其他城市，你或許可以趁度假之便前去參觀。「孩子們，太平洋瓦斯電力公司總部離這裏只有六十三哩，我去看一眼他們的資產負債表，你們在公司外面草地上玩一會兒行不行？」好吧，好吧，就當我沒說。

我去走訪公司總部時，真正要的其實是那個地方的感覺，事實與數據在電話上就可得到。我看到塔克鐘的總部擠在一條窄巷子的後面，心裏便覺得很踏實。我看到他們的主管人員在小小的空間裏工作，簡直驚喜不已，他們顯然並沒有浪費錢在佈置總部的花園景觀上。

（順便告訴你，我問的第一個問題是：「上一回有基金經理人或股票分析師來訪是在什麼時候？」如果答案是「兩年前吧」，那就太刺激了。馬里丹銀行（Meridian Bank）就是這樣，他們有二十二年連續盈餘和股息成長的成績，卻根本忘記分析師是什麼長相了。）

如果總部不在窄巷裏，你還可以希望它位在某個不起眼的地區，讓財務分析師沒興趣前來。我曾經送一名暑期實習生到佩波男孩的總部，他告訴我，費城的計程車司機不願意帶他去，光是這點，就和他帶回來的其他情報一樣讓我印象深刻了。

在頂蓋、瓶塞與封口公司，我注意到總裁辦公室的窗戶可以看到罐頭生產線，地板是褪色的油布，辦公室的家具比我在軍隊裏用的還要簡陋。這是一家懂得衡量輕重的公司，而你知道它的股票成績吧？過去三十年來，它的股票漲了兩百八十倍，豐厚的盈餘和低廉的總部是一體兩面。

因此你看到優尼洛耶位在康乃狄克州山丘上的總部，像一所摩登學校時，心裡作何感想？我想這是個負面訊號，該公司走下坡一點也不意外。其他的負面訊號還包括精緻的古董家具、華麗的窗簾、磨光打蠟的拼花核桃木地板。我看過太多例子了：公司把橡膠樹搬進室內，便是你該擔心它盈餘的時候。

親自到投資人關係室

走訪總部讓你有機會見到接待室的代表，參加年度會議也行，你的目的不在正式會報，而是非正式的見面機會。年度會議是你做有用的接觸最好的時機，端看你認真的程度和期望為何。

偶爾我會從企業代表那兒感受到一家公司的前景，當然這並不絕對準確。我曾經回絕坦頓公司（Tandon），只因為這是一家熱門的電腦磁碟業公司，但後來我到該公司參觀，與它的投資人關係室人員有了一次有趣的接觸。他是個整潔、禮貌、口齒伶俐的典型公關人員，但我在坦頓的委託書上找他的名字（委託書上有很多資料，其中包括各公司總裁及主管所擁有的股份數，以及這些人的年薪），結果我發現這位仁兄擁有的坦頓股票期權和直接購買的股票，總共價值兩千萬美元，而他加入這家公司的時間並不算長。

這是一個一般人能從坦頓得到的財富，這簡直好得不像是真的。該股票已經漲了八倍，陷入高本益比的美夢中。再多想一想，我了解到坦頓的股票再漲一倍，這位公關人員的身價便會是四千萬元。對我而言，在股票上賺錢，我必須賺到一倍才行，而他已經比我想像的還要富上幾倍了，整個情況簡直不像真的。我還有許多其他理由去回絕這種股票，但那次拜訪是關鍵。該股票後來自三十五塊多一路下滑到一塊半不到，這是股票分析後的數據。

我對「電視錄影帶」公司的創辦人和主要持股人也抱持相同的保留態度，我在波士頓一次午餐會上遇到該公司創辦人，他在這家高本益比公司已持有一億美元的股票，別忘了它是在競爭特別激烈的電腦外圍設備業內。我告訴自己：如果我在這種股票上賺到錢，這位仁兄的身價便要到達兩億元，這似乎不像是真的。我沒有投資，該股票從一九八三年的四十塊半跌到八七年的一塊錢。

踢踢輪胎

自從凱洛琳在超級市場發現蕾格斯絲襪，而我從墨西哥肉卷上發現塔克鐘速食店以來，我便一直相信，逛街和試吃新產品是一種非常基本的投資策略。詢問關鍵問題自然是最重要的，比德諾餐廳正是最好的例子，然而，當你研究一家公司的故事時，若能從它最後的成果上做檢查，那是再好不過的了。

我從朋友處聽到玩具反斗城的故事，但直到我前往附近的反斗城走一趟，才真的了解到該公司的確懂得如何賣玩具。如果你問店裏的顧客感覺如何，他們似乎都異口同聲的表示，他們還會再回來。

我買拉昆塔之前，曾在他們的汽車旅館過了三夜，買皮肯雪之前，我到加州一家皮肯雪造訪，對他們的生意印象深刻。皮肯雪的經營策略是將不暢銷產品從一般銷售管道上拿下來，以瑕疵品價格賣掉。

我可以從投資人關係室得到這項資訊，但這可比不上親眼看到全新古龍水標價一瓶七毛九，讓顧客興奮不已。投資分析師會告訴我，皮肯雪從坎陪爾湯品公司手上買下萊西狗食時賺了幾百萬元，現在皮肯雪把狗食生意轉售出去，又將大賺一筆。但親眼看到人們在超市買一整推車的狗食，你可以了解這項策略有多成功。

我到佩波男孩在加州新開的門市去，一名銷售員幾乎說服我買下一套輪胎，我只想看看那個地方，但他熱心得讓我幾乎要帶四個新輪胎上飛機了。他有可能是個例外，但我認為，有那樣的員工，佩波男孩什麼都可以賣出去。當然，他們的確是什麼都能賣。

蘋果電腦慘敗後，股價從六十元直掉到十五元，我懷疑該公司有沒有辦法東山再起，還有我是不是該視之為起死回生股。蘋果的新產品「麗莎」進入瘋狂的市場，結果全面敗退，但是我太太告訴我，她和孩子們需要第二部蘋果，富達的系統經理也說要為辦公室添六十部麥金塔，我接著又聽說：一、蘋果公司的家庭電腦仍然頗受歡迎，還有二、該公司在電腦市場上找到新的「入侵」策略。我於是買了一百萬股，這個決定沒有讓我後悔。

我對克萊斯勒的信心，在我和艾科卡會面之後便更為堅定，他能讓一家汽車公司復活，而且還一片欣欣向榮，克萊斯勒又有效的降低了成本，對其汽車陣容亦能做適當的改進。我注意到該公司總部外的主管停車位有一半是空的，這是另一個進步的訊號。但我真正熱心起來，是在走訪一處展示店，試了幾部新車之後。多年來，克萊斯勒已經被公認為是老頭子開的車種，但我看到的卻不同，他們顯然加了許多年輕的車型，尤其是敞篷車。(該車型乃由原來的勒巴隆跑車為車身，去掉其車頂而成。)

我忽略了小貨車，但這種車型成為克萊斯勒立大功的小兵，是八〇年代的蕾格斯。不過，至少我感覺到該公司的策略正確。後來克萊斯勒將迷你貨車加大，還裝了較大引擎，這正是顧客所要的，現在克萊斯勒的小貨車的銷售量占了全美汽車和卡車總銷售量的百分之三。等我開了十一年的老AMC康寇車銹穿，我自己大概也會買一部這種小貨車。

分析師可以從滑雪場、購物中心、保齡球館或教堂等地的停車場上看出汽車工業的端倪，這些地方能告訴你的消息多得讓人驚訝。每次我看到一部克萊斯勒迷你貨車或福特金牛星(Taurus)貨車（福特在這種車型上仍占有最大的市場比例），就會探頭問車上的駕駛：「你的車如何？」或「你這部車開多久了？」或「你會建議別人也買這種車嗎？」到目前為止，答案是百分之百的正面，這對福特和克萊斯勒都是好兆頭。此時凱洛琳正在購物中心裏分析有限服飾、一號碼頭家飾和麥當勞的新沙拉。

一個國家的步調變得愈一致，我們便愈能從一家購物中心的狀況推想其他購物中心的狀況。想想看，有那麼多種產品的成敗，你都可以正確的預測出來！那麼為什麼不買歐西寇西(Oskkosh B'Gosh)童裝的股票？你的孩子都穿這家公司的衣服長大。為什麼聽了凱洛琳一個朋友抱怨銳跑(Reebok)跑鞋夾腳，就打消買它的股票的念頭？想想看，只為了一個鄰居對一雙跑鞋風評不佳，就放棄了賺五倍的機會。股票這一行沒有什麼是容易的。

閱讀報告

那麼多年報，讀也不讀的就被丟進垃圾筒，這實在毫不稀奇。厚厚的年報內文是可以了解的部分，而這部分通常全是廢話，後面幾頁看不懂，而那才是重要的東西。不過，有一個辦法可以在幾分鐘內抓出年報的重點，而我通常也只花幾分鐘在一份年報上。

以一九八七年的福特年報為例，封面是林肯大陸車型的背影，由知名攝影師拍攝，封面裏則是對亨利福特二世的讚美詞，以及他站在祖父亨利一世畫像前所拍的照片。這樣的安排提供持股人一個友善的訊息，一種企業文化的宣示，還提到該公司曾贊助畫彼得兔子的畫家比翠克斯．波特的作品展。

我飛快跳過接下來的內容，直接翻到第二十七頁的資產負債表（附表見附錄十五），這幾頁用的是比較便宜的紙印刷。（這是年報和一般印刷品的規矩，紙張愈便宜，上面的資料就愈重要。）資產負債表上有資產和債務的資料，這對我而言是很重要的。

表的最上面是目前資產欄，我注意到該公司有五十六億七千兩百萬元的現金，加上四十四億兩千四百萬的可交易證券，這兩項加起來就得到該公司目前的現金值總數，我加了一下，約為一百多億美元。比較八六年的現金值，我發現福特吸收的現金愈來愈多，這自然是繁榮興旺的訊號。

接著我會看資產負債表的另外一部分，即「長期債務」，在此我看到八七年的長期負債是十七億五千萬元，比前一年的長期負債少了一些。債務減輕是另一項繁榮興旺的訊號，現金增加的數字比負債減少的數字高，這就是一張漂亮的資產負債表。如果情況是相反的，便是一張走下坡的資產負債表。

把長期負債從現金中扣除，我得到了八十三億五千萬美元，這是福特的「淨現金」，現金和現金資產總值比負債高出八十三億五千萬元。現金比負債多是很好的，不論發生什麼事，福特都不會關門大吉。

(你也許注意到福特的短期債務是十八億元，我一向不把短期債務算進來，吹毛求疵的人可以大肆批評這一點，但是，何必把事情搞得太複雜呢？我相信該公司其他的資產，比方存貨之類，應該足以支付短期債務，因此我不算這些細節。）

很多時候我們看到的是長期債務高過現金，而現金漸少，債務卻漸高，公司的財務結構不甚理想。看資產負債表主要的目的是，知道該公司的財務狀況健全與否。

接下來我會看十年財務摘要，在年報上的第三十八頁，了解該公司過去十年的情況。我發現該公司有五億一千一百萬股股票，過去兩年來，這個數目已降低了許多，這表示該公司已逐步買回自己的股票，這又是一步正確的策略。

將八十三億五千萬元分給五億一千一百萬股，結果得出福特的每股股票淨現金值為十六塊三。這點的重要性我將在下一章說明。

接下來，我要看的……這已經有點複雜了，如果你不想花這種腦筋，寧可讀讀亨利福特的故事，那麼不妨問問證券經紀商，福特是不是在買回自己的股票，它的現金是不是比負債多，以及每一股值多少現金！

我們實際點吧，我不打算帶你走到會計的路上去，有一些重要的數據會幫助你了解一個公司。如果你能從年報上得到這些數字，很好；如果你找不到，還是可以從S&P報告或證券商或「價值線」上得到。

「價值線」比資產負債表容易讀，所以如果你不想在年報上花腦筋，不妨從那裏開始，它會告訴你現金和負債，提供長期紀錄的摘要，讓你看到上回不景氣時，公司的表現如何。還有盈餘是不是往上攀升，股息有沒有定期發放等等。最後，「價值線」還把公司分成一到五級，讓你大致了解一家公司有沒有應付災難的能力。（還有一套評分系統，為股票投資時機打分數，我通常不理會這些。）

現在我把年報放在一邊，讓我們來檢視每一個重要的數字，先別再耗時間從年報上找這些資料了。

第十三章　知名的數字

以下是一些值得注意的數字，排列順序與其重要性高低無關。

銷售率(Percent of Sales)

當我因為某項產品而對一家公司感興趣時，比方蕾格斯絲襪、幫寶適紙尿布或雷克山(Lexan)塑膠產品的情況，那麼我第一件想知道的是，這項產品對該公司有何意義，該項產品占該公司總產量的多少百分比？蕾格斯把漢斯公司的股票炒熱，因為漢斯的規模不大。幫寶適比蕾格斯更有利潤，但對寶鹼這種大公司而言，還只算是小勝而已。

比方你對雷克山塑膠產品感興趣，接著發現其製造商是奇異電器公司，然後你又從經紀人那兒（或年報上）得知塑膠屬於該公司的材料部門，而該部門的產品只占奇異公司總收入的六・八%。因此，就算雷克山是幫寶適第二，對奇異的持股人而言，意義實在不大，你最好問問自己，還有哪家公司做類似的產品，或者乾脆忘了它。

本益比(P/E ratio)

我們談過這個了，但我再給你一個更細緻的定義：一家公司的本益比如果是合理的，必然會與它的成長率相等，我指的是盈餘的成長率。你怎麼知道是不是這樣？問證券經紀人該股的盈餘成長率，拿來和本益比一比就知道了。

如果可口可樂的本益比是十五，你會期望該公司的年成長率是十五%，而如果本益比低於成長率，你就買得太划算了。比方一家年成長率十二%的公司（又稱「十二%成長者」），本益比是六，那麼這就是很有吸引力的一種股票。另一方面，一家年成長率為六%，而本益比卻是十二的公司，便不那麼吸引人，其股票不久會走下坡的。

一般說來，本益比若是成長率的一半就算很好了，而若是成長率的兩倍就很糟，我們為共同基金做股票分析時，一向都用這個數據當標準。

如果你的經紀人不能給你一家公司的成長率，你可以自己從「價值線」或S&P報告上找出年獲利數字，和去年的同一數據比一比，就能算出盈餘成長率。如此一來，你會得到另一個指數，告訴你股票的價格是否太高。至於未來的成長率，你的猜測和我的猜測準頭差不多。

稍微複雜的一個公式能讓我們比較成長率和盈餘，也把股息算進來。找出長期成長率（比方某公司為十二%），加上股息（某公司付三%），除以本益比（某公司為十）。十二加三除以十等於一．五。

低於一不太好，一．五還可以，但你該找的是二以上的公司。一家公司有一成五的成長率，三%的股息，本益比是六，結果便得出棒極了的三。

現金狀況

我們才看過福特公司的現金比長期負債多出八十三億五千萬元，當一家公司有數十億的現金，你當然有幾件事情必須要知道，理由如下：

福特的股票從一九八二年的每股四元漲到一九八八年早期的三十八元（配股調整價）。我一路下來買了五百萬股，到了一股三十八元時，我已經從福特股票上賺了不少，而華爾街兩年來都眾口一聲，宣稱福特股票價錢太高了。無數的投資顧問都說，這家屬於循環股的汽車公司已經走到高峰期，接下來就要往下走了。我也在幾個情況下賣掉了一些福特股。

但多看一眼年報，我注意到福特的股價淨值已達每股十六塊三——我在前一章已經提到了。我握有的每一股福特都有十六塊三的紅利記在紙上，像個準備讓人驚喜的隱藏折扣。

這十六塊三的紅利改變了一切，它表示我買這種汽車股的價錢不是三十八元的時價，而是減去十六塊三之後的二十一塊七。分析家期望福特一股能賺七元，以三十八元的股價而論，其本益比應該是五・四，而用二十一塊七的股價來算，其本益比是三・一。

不論是不是循環股，三・一的本益比都是個吸引人的數字。如果福特是一家很糟的公司，或者人們不喜歡它的新車種，那麼我就不會對它留下太深刻的印象。但福特是一家很棒的公司，而人們也都喜歡最新的福特汽車和卡車。

現金的因素讓我相信抓住福特股是對的，我決定不脫手，至今福特股已漲了四成多。

我還知道(你可以從福特年報第五頁——還讀得懂的部分——得到同樣的信息)福特的金融服務機構，如福特信用部(Ford Credit)、全國第一(First Nationwide)、美國租賃(U.S. Leasing)等等，在一九八七年就賺到一股一・六六元，其中福特信用部便賺了一・三三元，而這是它「第十三個連續盈餘成長年」。

假設福特的金融事業本益比是十(金融公司的本益比為十是正常的)，我估計這些附屬企業的身價應是每股一・六六元的十倍，相當於每股十六塊六。

因此福特賣到三十八元時，其中十六塊三是現金淨值，另外十六塊六是金融公司的身價，汽車公司的部分便只算你每股五．一元的成本。這家汽車公司預期可賺到一股七元，買它的股票危險嗎？五塊一買一股簡直是撿來的，想想看，這種股票自一九八二年以來便漲了十倍之多。

波音是另一種多現金的股票，八七年早期，該股票以四十多元賣出，其中廿七元是現金，你等於只花十五元就買到該公司。我在一九八八年早期買了一點波音股，用來注意其發展，後來便大筆買進，原因是它現金充裕，還有，該公司的商業訂單尚未全部交貨。

現金當然不一定是萬靈丹，通常各公司的現金都不夠多，完全無須煩心。史克倫伯格有很多現金，但平分給各股，金額便小得讓人不感興趣；必治妥有十六億元現金，長期債務只有兩億元，其比率讓人印象深刻，但它發行了兩億八千萬股股票，十四億元對分下來，每股只分到五元現金，比起四十元的股價，實在微不足道。如果該股票跌到十五元，事情就麻煩了。

儘管如此，查看一下公司所有現金的數量（以及其關係企業的價值），應該是你功課的一部分。你永遠不會知道自己何時會碰上一個福特股。

既然談起這個話題，不妨再問一聲，福特公司究竟要如何處理它的現金？現金多了，其去向會反映在股價上。福特一直在提升股息，並大幅買回自己的股分，不過它還是大量地累積著財富。有些投資人懷疑福特會把錢花到天知道什麼生意上，但是到目前為止，福特在收購新企業方面表現得都極為謹慎。

福特已擁有一家信用卡公司及一家存放款公司，它並以合夥身分控制赫茲租車公司。它曾低價競標休斯飛機公司，沒有得標。TRW應該是個合理的關係企業，這是全球數一數二的汽車零件製造商，也活躍在許多電子零件市場上，同時，TRW可能成為汽車氣囊的主要承製商。不過，如果福特買了美林證券投資公司或洛克希德（兩件交易都在謠傳中），它會成為惡化經營的黑名單上的一員嗎？

債務部分

公司負債多少，財產又有多少？債務對資產，這就和任何貸款公司想知道的事情一樣，好決定貸款給你是否有風險。

一般的企業資產負債表都有兩邊，左邊是資產（存貨、應收帳款、工廠和設備等），右邊顯示這些資產是怎麼來的。想知道這一家公司的財力是否雄厚，最簡便的方法是將資產負債表兩邊的資產與負債做個比較。

負債與資產之比很容易做出來，看看福特一九八七年年報上的資產負債表，你會看到持股人的總資產額是一百八十四億九千兩百萬美元，上面幾行可以看到長期債務是十七億元。（還有短期債務，但我說過，金額太小的項目不會去考慮。如果有足夠的現金——請看第二行——來涵蓋短期債務，這部分債務就完全不必加以考慮。）

一般公司的資產負債表應有七成五的資產和兩成五的債務。福特的資產負債比是懸殊的一百八十億對十七億元，亦即九成一的資產對一成債務，這是一張很有力的資產負債表。更強勁的資產負債表可以有百分之一的負債比九成九的資產；而疲軟的資產負債表卻可能有八成債務和兩成資產。

對起死回生股和出問題的公司，我一向特別注意負債部分，因為這項因素最能決定該公司能否活下去，還是會在危急時破產。新公司負有大額債務，往往是風險最高的。

有一回我研究兩家股票走低的科技公司：GCA和應用材料(Applied Materials)，兩者都生產電子生產設備——用來製造電腦晶片的機器，正是最該躲開的高科技領域，這兩家跌入谷底的公司便是明證。一九八五年末，GCA的股票從二十元跌到十二元，應用材料更糟，十六元變成了八元。

差別在於，GCA出問題時，身負一億一千四百萬元的債務，大部分是銀行債務。我稍後會對此多做點解釋。該公司只有三千萬元的現金，主要資產則是值七千三百萬元的存貨，然而在電子工業中，一切發展得那麼快速，七千三百萬元的存貨隔年可能貶成兩千萬元。誰知道他們弄個出清存貨大拍賣時，能有多少回收？

應用材料卻不同，該公司只有一千七百萬元的負債，現金則有三千六百萬元。

等到電子工業東山再起，應用材料便從八元回升到三十六元，GCA卻沒能享受峰迴路轉的喜悅。一家公司即將完蛋，股票一股只剩一毛錢，另一家卻漲了四倍，關鍵就在於兩家公司的負債不同。

遇到危機時，負債類別及負債總額這兩個因素正是存活和死亡的差別所在。負債分為銀行債和發行債券兩種。

銀行舉債（最糟的一種債務，這正是GCA所負的類別）到期即須還，這種債未必來自銀行，有時也以商業債券的形式出現，是一家公司借給另一家公司的債務，期限多半很短。這種債務最重要的是很快就會到期，有時更是可以「隨時解約」，也就是說，債權人一看到有問題就有權立刻要求中止借貸，債務人如果不能還錢，馬上就得宣告破產。債權人會把公司的皮剝光，之後便什麼也沒剩，持股人分不到任何東西。

發行債券舉債（從持股人的觀點來看，是最好的負債類別）永遠不能喊停，情況再不妙，只要債務人繼續付利息，債務便繼續下去，本金有時拖上十五、二十甚至三十年才必須還。這類債務通常以一般企業債券的形式出現，期限多半相當長。企業債券有時看漲，有時貶值，全視打分數的經紀公司對該公司的財務狀況有何評價，但不論發生什麼事，持有債券的人都不能像銀行那樣，立刻要求解約取回本金。有時候，甚至利息都可以稍後再給，這種債務讓公司有時間處理問題。

（在一般年報的注釋中，公司往往會註明其長期債務的損益平衡狀況，以及已付利息金額和還債期限等。）

我會特別注意債務結構，這和債務總額一樣重要，尤其對克萊斯勒這類起死回生股而言。大家都知道克萊斯勒有債務問題，在知名的拯救計畫中，最主要的關鍵是政府保證提供十四億元的貸款，用來償還某些股票期權。稍後政府出售了這些股票期權，還從中大賺一筆，不過這在當時是誰也料不到的。當時你知道的是，克萊斯勒的貸款計畫讓它有生存下來的空間。

我還看到克萊斯勒有十億元的現金，而最近它把坦克部門賣給通用動力公司，售價三億三千六百萬元。不錯，克萊斯勒此刻賠了一點錢，但它的現金和貸款結構告訴你，銀行家在一、兩年之內還不會讓它關門大吉。

因此如果你和我一樣，相信汽車工業會再度景氣，並且知道克萊斯勒已有大幅改善，且已成為汽車工業中的低成本生產公司，那麼你對克萊斯勒的生存便會有些信心，這家公司並不像報上說的那麼風雨飄搖。

麥克隆科技公司（Micron Tech）是另一家拜債務結構之賜，得以免除被遺忘之命運的公司——富達擁有一大筆它的股份。這家好公司來自愛達荷，它在奄奄一息時蹣跚踏入我們辦公室，是電腦記憶晶片工業不景氣及日本記憶晶片「傾銷」雙重打擊下的犧牲者。麥克隆打官司，宣稱日本絕不可能以更低廉的方式生產類似的產品，因此日本顯然是以低於成本的價格出售產品，以提高競爭力。麥克隆後來贏了這場官司。

當時所有重要的美國生產業者幾乎都歇業了，只剩下德州工業公司和麥克隆，後者受到銀行債務的威脅，幾乎活不下去，其股票從四十元跌到四元，而它最後的希望是出售可轉換無抵押公司債券（一種可由買方決定何時轉換成股票的債券），這可以讓該公司募集到足夠的現金來支付銀行債，解決短期的困難，因為可轉換公司債券的本金可等幾年之後再還。

富達買了很多可轉換公司債券，等到記憶晶片的生意好轉，麥克隆再度有了盈餘，股票又從四元漲到廿四元，富達因而大賺了一筆。

股息

「你知道只有一件事能讓我高興嗎？那就是看著我的股息進來。」

——洛克斐勒，一九〇一年

喜歡有額外進帳的投資人，往往偏好付股息的股票，這沒什麼不對，一張郵寄來的支票總是讓人高興的，哪怕約翰·洛克斐勒也不例外。不過在我看來，重點應該是股息（或沒有股息）對一家公司的價值及其股票價格有何長期影響。

公司負責人與持股人之間，對股息的基本對立態度，就相當於父母與子女對信託基金的基本對立一樣。孩子寧可儘早分發基金好花用，父母則希望多控制一段時間，好為孩子謀更大的福利。

主張企業應該按期付股息的人有一個強有力的論點：不付股息的公司最後可能會把錢丟到愚蠢的惡化經營的策略中。我看了太多這種例子，幾乎都要相信這則誇大的企業財務理論了：很多人相信，金庫裏的現金愈多，全數傾洩出去的壓力愈大。潘佐(Pennzoil)石油公司的休・李特克(Hugh Liedtke)第一項知名主張是將潘佐這家小石油公司變成強力競爭者，第二個知名步驟則是在一場大家都不看好潘佐（大衛）的官司裡打敗德薩克(Texaco)石油公司（巨人），得到三十億美元的賠償。

（稍早談到的六〇年代末那段時期，可視為一個誇大的年代。直到今天，企業經理仍然會在不當的冒險嘗試上花掉大筆利潤——不過這個傾向比起二十年前已經好多了。）

另一項主張分股息的說法是，有股息的股票股價比較不會跌落。在一九八七年市場大淘汰期間，付高股息的公司都比不付股息的公司好運一些，受挫狀況也僅至股市平均下挫幅度的一半。這正是我喜歡保留一些穩定成長股和緩慢成長股，在我的投資組合中的理由之一。股票賣二十元，每股兩元的股息便相當於一成的孳息，但股價跌到十元，你忽然間便有了兩成的利息了。如果投資人確知高孳息可以持續下去，他們便會為此購買股票，這會為股價打上基本底價，績優股有長期支付及提升股息的紀錄，正是人們在股市危機出現時最喜歡擁有的股票。

不過還是一樣，較小的公司不付股息，因此反而能快速成長，它們把錢用在擴張上。公司之所以要發行股票，首要理由正是用來集資做業務擴張，無須向銀行舉債。我隨時都願意跟隨快速成長股，放掉專付股息的老邁公司。

電力公司和電話公司是主要的付股息公司，在成長緩慢的時期中，他們不必蓋新廠房，也不用擴增設備，現金便愈積愈多。成長快速期間，這類公司則以股息吸引大量資金，做為建造新廠之用。

愛迪生電力公司發現他們可以自加拿大購買電力，那麼又何必浪費錢在昂貴的新發電設備上，還要等待建造及核准的過程呢？由於近年來並無大開銷，愛迪生公司便累積了數十億元的現金，它用這些錢以稍高於市價的方式買回自己的股票，一面仍繼續提高股息。

大衆公共事業公司已自三浬島大災難中復原，現在也已發展到愛迪生公司十年前的規模（附圖見附錄十六），該公司同樣也買回自己的股票，並提高股息。

它付錢嗎？

如果你真的打算為股息而買股票，先查查該公司在不景氣和經濟蕭條期間是否也有能力付股息。前工業國家銀行(Industrial National Bank)，現名為弗利諾斯塔(Fleet-Norstar)，自一七九一年起便從未間斷的付股息。

如果緩慢成長股不付股息，你便陷入一項困境：你遇到一個原地踏步的企業，幾乎沒什麼動靜。

一家有二、三十年按時發放股息紀錄的公司，應該是你最好的選擇。家樂氏食品公司和雷斯頓公司不會降低股息，更不會取消股息，這是他們在過去三次戰爭和八次不景氣期間的紀錄，如果你相信股息就要找這類公司。負債纍纍的公司如南馬克(Southmark)者，永遠不能像沒什麼債務的必治妥那樣，給予安全的保證。(事實上，南馬克公司最近在不動產營運上虧本，股價從十一元掉到三元，該公司遂延後發放股息。) 循環股並非可靠的股息發放者，福特在一九八二年暫停了股息的發放，股價當時跌到四元以下，是廿五年來最低的。只要福特沒有賠掉所有現金，便無須擔心它現在還會停發股息。

帳面價值

最近帳面價值頗受矚目，或許是因為這個數字太容易找到，幾乎是舉目可見，一般股票行情電腦可以立刻告訴你，有多少股票正以低於其帳面價值的價錢出售的。人們花精神在這上面，理由是，帳面價值為二十元的股票如果以十元賣出，他們便等於以半價買到。

問題是，帳面價值往往與一個公司真正的價值沒有什麼關係，這個價值通常都大幅的偏高或偏低，賓州中央鐵路破產時，帳面價值是每股六十元！

一九七六年末，阿蘭伍德鋼鐵公司（Alan Wood Steel）的帳面價值是三千兩百萬元，相當於一股四十元，儘管如此，該公司仍於六個月後宣告破產。問題出在它的新設備，在帳面上，新鋼鐵生產設備價值三千萬元，但因為設計不當，無法如預期的運作，最後變得一無是處。為了償還部分債務，該公司以五百萬元賣掉它的鋼板生產廠，剩下的廠內設備幾乎是以廢鐵價賣掉的。

紡織廠可能有整倉庫沒人要的紡織品，在帳面上一樣可值四元，而實際上，連一毛錢的定價都無法脫手。在此還有另一條不成文規定：愈接近成品，轉售的價值便愈難預料。你知道棉花的價錢，但一件橘色的棉質襯衫值多少錢呢？你知道一塊鋼鐵的價錢，但做成立燈又值多少錢呢？

看看數年前巴菲特這位最機敏的投資者決定擺脫新貝弗(New Bedford)紡織廠時，發生了什麼事。新貝弗是巴菲特最早收購的公司之一，該公司管理階層希望出售紡織機可以得到好價錢，在帳面上，這些設備值八十六萬六千元，但在公司拍賣時，紡織機數年前還賣到五千元的，此時只賣二十六元，找人來把它運走都不只這個錢。帳面上值八十六萬六千元的資產結果只換得十六萬三千元。

如果巴菲特的巴克夏哈薩威(Berkshire Hathaway)公司只有紡織品，那麼它便是最容易被專找帳面價值的人吸引的投資目標。他們會說：「看看資產負債表，哈利，光是紡織機就值五元一股，現在股價只要兩元，我們會有什麼損失？」他們會有損失的，因為那些紡織機不久便被運到垃圾場，股票也直跌到兩毛錢。

資產負債表右邊的負債愈高，左邊被高估的資產便愈靠不住。比方一家公司有四億元的資產和三億元的負債，結果得到的帳面價值是正一億元，你如何知道負債部分的數字是真的，而四億資產如果只能賣到兩億現金，那麼真正的帳面價值應是負一億元，該公司比一無所有還要窮。

這是那些買了佛羅里達土地開發公司—雷代斯公司的不幸投資人遇到的情境，該公司在紐約證券交易中心登記的總資產額價值每股五十元，這使得每股十元的價錢顯得相當合算。不過雷代斯的價值有很多是虛幻的，是不動產協會算出來的奇特結果，其中負債的積欠利息被算成「資產」，直到不動產脫手時才全數清算。

如果不動產交易成功，這點倒無所謂，但雷代斯有許多開發計畫根本找不到買主，而債權人（銀行）要把錢要回去。該公司嚴重負債，一旦銀行來索債，資產負債表左邊的資產便將消失，而債務依然存在。該公司股價跌到七毛五，而該公司真正的價值接近七元，等到很多人都發現到這點時，對股價仍毫無幫助。我應該知道的，麥哲倫擁有相當多這種股票。

當你為了帳面價值而買某種股票時，必須清楚的了解那些價值究竟是什麼。在賓州中央鐵路的例子裡，山中隧道和報廢的火車車廂也都算是資產。

更多隱藏資產

帳面價值會高估實際價值，同樣的，它也會低估真正的價值，此時你便能碰上最棒的資產股了。

擁有自然資源的公司，其土地、木材、石油或珍貴金屬等，都算是帳面上價值的附帶資產。舉例來說，一九八七年時，一家生產稀有金屬的工廠──韓弟哈曼(Handy and Harman)公司，帳面價值是每股七．八三元，包括其大量庫存的黃金、白銀和白金，不過，這些稀有金屬在帳面上是以該公司原先買進的價格──有的可追溯到三十年之前。以今天的市價來看（白銀一盎司六塊四，黃金高達四一五元），這些金屬就值每股十九元。

韓弟哈曼一股十七元，比其金屬存貨的價值還低，這是個好資產股嗎？巴菲特覺得是，幾年來他一直大量持有這種股票，但股價原地不動，該公司的盈餘起起伏伏，而其多角經營的策略並不算成功。（你已經知道多角經營這個概念了。）

最近巴菲特已不再對該公司抱那麼大的興趣，到目前為止，韓弟哈曼公司似乎是巴菲特唯一的一項壞投資，雖然該公司仍有許多隱藏資產，不過如果金銀價格大幅上漲，其股票必會跟著看漲。

除了金銀之外，還有許多隱藏資產值得注意。如可樂之類的品牌商譽便所值不菲，但通常不會列在帳面上；專利藥品、有線頻道、電視台和廣播電台等等也是一樣，這些都以原始成本列在資產負債表上，然後便逐漸隱沒。

我提過裴波海灘是不動產的隱藏資產，想到錯過該股票，我現在還會踢自己兩下。不過像這類不動產資產到處都是；鐵路就是最好的例子。我已提過，許多家鐵路公司都擁有大量的土地，更重要的是，這些資產在帳面上幾乎全隱而不見。

聖塔費南太平洋鐵路公司是加州最大的私人地主，全州一億英畝的面積中，它便擁有一百三十萬英畝；而在全美國，該公司在十四個州內擁有三百萬英畝地，相當於四個羅德島那麼大。另一個例子是CSX這家東南部的鐵路公司，一九八八年，該公司賣了八十哩鐵路土地給佛州，這些土地的帳面價值是零，鐵軌則值一千一百萬元。那筆交易中，CSX保有非尖峰時段的鐵軌使用權——因此其收入並未受影響（在非尖峰時段做貨運生意）——而那筆交易賺進了兩億六千四百萬元的稅後利潤。這真叫吃下蛋糕還有蛋糕！

有時你會發現一家石油公司或煉油廠，在地下蘊藏有四十年的存貨，而其收購價格仍維持羅斯福總統時代的水準，光是石油本身的價值即高過所有股票價格的總和。他們可以關閉煉油廠，解僱所有的職員，光是叫賣石油，就足以讓它在四十五秒內致富，賣石油毫不困難，這和賣衣服不同——沒有人在乎這是今年的油或是去年的油，是純金黃色還是暗黃色。

幾年前波士頓第五頻道賣得了四億五千萬元，這算是合理的市價，不過該頻道最初得到營業執照時，大約只花兩萬五千元完成文件作業，另外再花一百萬在塔台上，一、兩百萬在攝影棚上。整個企業開始時在帳面上只值兩百五十萬元，這筆成本也早已折舊，等到出售時，這整個企業的帳面價值，恐怕低於實際價值三百倍之多。

現在該電視台換了主持人，新的帳面價值也須以四億五千萬元的售價為基準，反常的現象即將消失。如果你以四億五千萬元買下帳面價值只有兩百五十萬元的電視台，會計部會稱這額外的四億四千七百五十萬元為「商譽」。這筆商譽在新帳面上是資產，不過它也會慢慢被沖淡掉，創造另一個有潛力的資產股。

六〇年代以後，這類「商譽」的會計方法已有所改變，當時很多公司都極度高估其資產，現在則正好相反，比方說，可口可樂企業是可口可樂為其裝瓶部分的營運所創的新公司，目前在帳面上有廿七億元的商譽價值，這筆錢是買裝瓶營運權的費用，不包括工廠、存貨和設備的成本，而是一筆模糊的營運權利金。

在目前的會計規則之下，可口可樂企業必須在未來四十年內，把商譽價值「寫」成零，但在事實上，這筆營運權利金卻是節節上升的。為了付商譽金，可口可樂企業的盈餘便大受影響，八七年該企業只賺了六毛三，實際上有五毛錢填進商譽金那筆債務上。可口可樂企業其實遠比帳面上看起來要賺錢得多，同時其隱藏資產的價值也愈來愈高。

買一種十七年內沒有人有權生產的藥品，也有許多隱藏價值，而如果專利擁有者稍作改良，他便可以再得到十七年的專利，在帳簿裡，這些美妙的藥品專利權價值可能是個零。蒙多山買下希爾公司(Searle)時，挑中的是新甜(Nutra Sweet)人造糖，四年後新甜的專利到期，但即使如此，仍頗具價值，不過蒙山多公司在帳面上隻字不提，四年下來，新甜在蒙山多的資產負債表上一直是個零。

正如可口可樂企業的例子一般，蒙山多少寫了這項盈餘利器，真正的盈餘便被低估了。該公司每股賺十元，其中兩元被算成「付」新甜那筆交易，等到新甜不必再被剔除那天，每股盈餘將漲兩元。

此外，蒙山多的研發費用也以這種方式記帳，等到有一天，這筆支出停止，新產品上市，盈餘便會在一瞬間暴漲。如果你懂得這項竅門，就占到大便宜了。

大型母公司所擁有的附屬企業也可能是隱藏資產，比方前面提到的福特的例子，另一個例子是UAL，這是聯合航空的母公司，富達的航空業分析師布拉得·路易斯(Brad Lewis)找到這家公司，UAL旗下的希爾頓國際旅館值十億美元，赫茲租車公司（後來出售給福特的合夥公司）值十三億元，威斯汀旅館（Westin Hotels)值十四億元，而旅遊訂位系統則值十億多。扣除債務和稅負之後，這些資產合起來比UAL股票的總額要更值錢，因此在實質上，投資人等於免費買到世界最大航空公司的股票。富達買了一卡車這種股票，結果得到一個二壘安打。

一家公司擁有他家公司的股份時，也算有隱藏資產，比方雷蒙工業公司(Raymond Industries)擁有鐵可油田服務公司(Teleco Oilfield Services)的股份。熟悉這兩家公司之中任何一家的人都知道，雷蒙公司以前每股值十二元，而每一股都代表了股價十八元的鐵可油田公司的額外價值。買了雷蒙，你就等於以六元不到得到了鐵可；做了功課的投資人買雷蒙，結果得到股價不到六元的鐵可，沒做功課的人卻花十八元買鐵可。這種事一而再、再而三地發生。

過去數年來，如果你對杜邦有興趣，應該買擁有四分之一杜邦股份的西葛蘭(Seagram)，價錢比較便宜，西葛蘭成了杜邦的資產股。同樣的，比爾德石油(Beard Oil，現改名為比爾德公司)股價八元，但每一股都包含了價值十二元的USPCI這家公司的股票，在這種轉換過程中，你擁有的比爾德公司及其藏油和設備等於倒貼了你四元。

有時候，投資一家公司最好的方法是找出其國外金主，我知道這點知易行難，但你若有管道可以探知歐洲公司的動向，便很可能碰上意料之外的好機會。歐洲公司一般說來並沒有被深入分析過，有許多甚至完全沒有人做過研究，我在一趟瑞典尋真相之旅中發現了這點，很多富豪汽車之類的瑞典大公司竟只有一個分析師在追蹤，他甚至連部電腦都沒有。

艾索特商業系統公司(Esselte Business Systems)在美公開上市時，我買了一點股份，並注意其基本資料，結果一切都很樂觀。負責富達海外基金的喬治・諾伯(George Noble)建議我拜訪在瑞典的總公司。我正是在那裏發現，原來你可以用較便宜的價錢直接在當地買股票，不必到美國買較貴的附屬公司股，另外，你還能得到其他生意的股份當做額外收穫，更別提不動產的部分了。當美國這裡的股票僅微幅上漲時，其歐洲母公司的股票在兩年間卻漲了兩倍。

如果你注意食之獅超市(Food Lion Supermarkets)的故事，便會發現比利時的戴海茲(Del Haize)公司擁有兩成五的股份，光是這個部分的股票價值便已超過戴海茲的股價了。你買戴海茲股時，相當於免費得到這種價值可觀的歐洲企業股，我為麥哲倫基金買了這種歐洲股，結果眼看三十元的股票漲到一百二十元，而食之獅超市的五成漲幅相形之下便是小巫見大巫了。

回到美國，現在你可以買各種電話公司的股票，得到進入行動電話生意的捷徑。各電話市場都得到兩個行動電話經營權，你可能已聽說了某個幸運者贏得行動電話經營權的故事，事實上，經營權必須用錢買，然而另一個經營權則是一毛不收的送給現存電話公司，對用心的投資人而言，這絕對是一大隱藏資產。走筆至此，你已可以用廿九元買加州的太平洋電話公司(Pacific Telesis)，並立即得到至少值九元一股的行動電話股，或者你可以買卅五元一股的康提(Contel)股，得到價值十五元的行動電話股。

這些股票的本益比都在十以下，股息則為六%以上，如果加上行動電話的價值，本益比就更吸引人了。你不會從這些大電話公司中找到十壘安打股，但可以得到孳息優渥的股票，而如果一切順利，還有可能得到三到五成的獲利空間。

最後，在起死回生股方面，稅負上的優惠也會是一項很棒的隱藏資產，賓州中央鐵路受到損失抵稅法令之惠，得以避開破產的命運，能在新業務賺進數百萬美元的利潤時，依然享有免稅的優惠。因此賓州中央鐵路在公司稅負高達五〇%的時期內，得以買下一個公司，並在一夜之間使盈利成長一倍，因為它無須繳稅。這家起死回生股自一九七九年的五元很快便漲到一九八五年的廿九元。

伯利恆鋼鐵公司目前有十億元的賠本免稅額，如果該公司能持續復原，這便是一種極具價值的資產，表示該公司在美國享有賺進十億元卻不必繳稅的優惠。

現金流量(Cash Flow)

現金流量是一家公司做生意的實際進帳，所有的公司都有現金進帳，但有些公司花錢的速度比別人賺錢的速度要快，這項差別讓菲利浦・莫理斯公司成為一項可靠的投資，而讓一家鋼鐵公司顯得搖搖欲墜。

我們假設一家匹格鐵工廠賣掉全部的鑄鐵存貨，得到一億元進帳，不錯；接著該公司得花八千萬元更新熔爐設備，這是壞消息。匹格鐵工廠第一年沒有花八千萬元來改善設備，因此生意輸給許多對手工廠，在這類必須花錢來賺錢的地方，捨不得花錢，便沒什麼前途。

菲利浦・莫理斯就沒有這種問題，佩波男孩或麥當勞也一樣，這就是為什麼我一向偏好不靠花錢來賺錢的公司，賺進來的錢不必與花出去的錢做競爭。菲利浦・莫理斯賺起錢來，比匹格鐵工廠要容易太多了。

許多人用現金流量的數據來衡量股票，舉例來說，二十元一股的股票，若有每股兩元的年現金流量，便有了十比一的現金流量率，這是很標準的。十分之一的現金回收，正好與人們對長期擁有股票所預期的回收率不謀而合。二十元的股票有四元的現金流量，現金回收率便是兩成，這是很棒的。如果你找到二十元的股票而有每股十元的現金流量，那麼趕快把房子和汽車抵押掉，將所有的錢都拿來買這種股票。

陷入這類計算無法自拔實在沒有必要，如果你買某種股票的理由還包括其現金流量這一項，請先確定這些現金是可以自由運用的。通常正常的資金花費動用不到的現金，才稱為自由現金流量(Free Cash Flow)，這些現金是可以存起來，不必花掉的。匹格鋼鐵廠的自由現金流量比菲利浦・莫理斯的要少得多。

有時候我找到一家盈餘平平，但卻有豐富的自由現金流量的公司，這也是好投資。通常是那種舊設備有極大折舊空間，又無須立即添置新設備的公司，一方面能繼續享有減稅優惠（設備折舊是可以抵稅的），一方面又無須花什麼錢去為舊設備做改善或更新。

寇斯公司(Coastal Corporation)是享盡自由現金流量之優點的最佳代表，該公司的各項條件權衡之下，二十元的股價算是相當合理，其盈餘為每股兩塊半，本益比是八，對一家生產天然氣及後來棄除的瓦斯管公司而言，這種本益比算是合理的。不過，在這些乏味的表面之下，有一件精彩的事發生了。寇斯公司貸了廿四億五千萬元買下一家大管線公司——美國天然資源公司(American Natural Resources)，管線的好處是不必花什麼力氣做維修，讓它在那裏即可，他們大概得挖一些洞，此外管線埋在地下便可以置之不理，而公司卻可以開始算折舊。

寇斯公司在瓦斯業不景氣時每股仍有十到十一元的現金流量，其中七元可以存下來，無須花用，亦即為自由現金流量。在帳面上，該公司接下來十年間都看似毫無盈餘，而持股人則有每股七元的年收益，相當於投資二十元而有七十元的回收。這種股票光是現金流量一項便有極大的賺錢潛力。

仔細謹慎的資產股投資者看看某個公司的條件：世俗事業公司，原地踏步，自由現金流量不少，負責人無心擴大業務。這可能是一家出租公司，有一大堆十幾年的舊火車車廂，只想把這些老車廂租出去，儘可能從中擠出利潤來，把進帳高高堆起，一千萬元的營業費用可以得到四千萬元的進帳。（這個方法在電腦業行不通，因為其商品價格變動極快，存貨還來不及生財便已貶值得毫無用處了。）

存貨

年報內有一個叫「管理階層的盈餘討論」的敘述，詳盡說明存貨的各種細節，我一向都會查看存貨有無增多的情況，對製造商或零售商而言，存貨增多通常是個警訊。存貨比銷售量的成長更快速，便是一個紅燈。

計算存貨的價值有兩種基本的方法，LIFO和FIFO，這聽起來像兩隻小狗名字的東西，前者意為「後進先出」（Last In, First Out），而FIFO則是「先進先出」（First In, First Out）。如果韓弟哈曼三十年前以四十元一盎司的價錢買了黃金，昨天則以四百元買到同樣的黃金，今天他們以每盎司四百五十元的價錢賣出，利潤怎麼算呢？在LIFO的規則下是五十元（四百五十減四百），而在FIFO的部分則是四百一十（四百五十減四十）。

我可以再說下去，但我想我們很快便要說到報酬遞減律了。另有兩種常見的會計方法可用，一是GIGO（垃圾進，垃圾出），另一種是FISH（先進仍在）(First In, Still Here)，這是很多存貨還在倉庫裏的說法。

不論是那一種算法，你還是可以拿今年的LIFO或FIFO和去年的相同項目做比較，以決定該公司存貨量的增減。

我曾走訪一家煉鋁公司，他們的未售原料多到把整幢倉庫都塞滿了，而在倉庫外面，鋁原料直堆到停車場上，工作人員必須把車子停到其他地方，好空出地方存放存貨，很顯然的，這是存貨極多的結果。

一家公司可能會吹噓其銷售量升高了一成，但如果其存貨增多三成，你就得提醒自己：「等一等，他們或許該設法把那些存貨解決掉，否則明年可能出問題，後年的問題會更大。新貨可能會與舊貨搶市場，使得存貨繼續增多，直到廠方不得不削價求售，而這亦意味著利潤減少。」

在汽車公司裏，存貨增多並不會讓人太困擾，因為新車一向比較值錢，因此廠方無須降價求售，三萬五千元一部的積架房車不會掉到三千五百元，然而三百元的紫色迷你裙如果不再流行，恐怕連三塊錢都不會有人買。

從積極面來說，如果一家公司遇到景氣低迷，存貨量開始枯竭，這便是峰迴路轉的第一個跡象了。

業餘人士和生手很難對存貨有正確的理解，但那些在特定行業中占了優勢的投資人就會知道怎麼算存貨的價值了。幾年前公司還無須定期出示財務資料，但現在則必須依法在年報和季報上公布資產負債表，因此存貨量便可以定期拿出來讓投資人檢視。

退休金計畫

愈來愈多公司以股票期權和退休紅利來獎勵其雇員，投資人必須謹慎地考慮其結果，公司無須有退休金計畫，但如果有，這項計畫便須符合法令規定，即這些計畫必須有付費的義務，比方如債券之類。(分紅計畫就沒有這類義務，如果沒有利潤，自然無須分享。)

甚至在一家公司破產並中止正常營運之後，退休金計畫仍須照常施行。我投資一家起死回生股之前，總要先確定該公司沒有自己無法達成的退休金計畫，我還會特地看看該公司的退休基金是否超過其利潤額度的負荷。USX的退休金計畫資產為八十五億元，而其既定利潤是七十三億元，這就不必太擔心。伯利恆鋼鐵公司卻不同，其退休金計畫的額度是二十三億元，而既定利潤則是三十八億元，有十五億元的赤字。這是該公司的大缺點，尤其遇到較棘手的財務困難時，這個數據便有負面作用，表示投資人不會讓股價走得太高，直到退休金問題解決了為止。

這個項目過去全憑臆測，現在退休金計畫則全都列在年報上。

成長率

「成長」與「擴張」幾乎被視為同義詞，這可說是華爾街最常見的錯誤觀念之一，誤導人們忽視了菲利浦·莫理斯之類真正大幅成長的公司。你光從該工業本身是看不到什麼成長的——美國的香烟消費量每年負成長二%。不錯，國外的抽烟人口正好接上美國烟槍留下的空缺，每四名德國人便有一人抽萬寶路，這是菲利浦·莫理斯的產品，該公司每星期還得送滿滿一架七四七飛機的萬寶路到日本。但即使國外銷售量也不能算是該公司的大成功，關鍵在於該公司能以降低成本以及提高售價的方式來增加盈餘，而盈餘才是真正重要的成長率。

菲利浦·莫理斯以高效率的香烟製造設備來降低生產成本，同時該公司每年都提高售價，如果該公司的成本增加四%，它就漲價六%，增加二%的利潤。這聽起來似乎不算多，但如果你的利潤約為百分之十（菲利浦·莫理斯正是如此），那麼提升兩個百分點的獲利率，便相當於將盈餘提升為兩成。

（寶鹼可以透過改變衛生紙特色的方式，在衛生紙上得到「盈餘」成長，方法不過是增印花紋，讓紙張變軟，以及逐步將五百張紙減少到三百五十張，然後他們宣稱較小包的衛生紙是「可擠壓」的改良產品。這真是減少張數之後最聰明的自白策略。）

如果你找到一家公司既能年復一年提高產品售價，又不會失去顧客（香烟這類會上癮的產品是最好的例子），你便找到一項好投資了。

許多生意或速食店都不能像菲利浦．莫理斯那樣明目張膽地提高售價，否則立刻會被淘汰。但菲利浦．莫理斯變得愈來愈富有，簡直不知道如何處理這些利潤才好，該公司不必投資在昂貴的代理門市上，也不必花多少成本就能大賺。還有，自從美國政府禁止香烟在電視上廣告之後，該公司更是省下了一大筆錢！這是絕無僅有的機會，有這麼多錢不說，惡化經營的結果對持股人也不會有什麼傷害。

菲利浦．莫理斯買了米勒啤酒（Miller Brewing），結果平平，同樣的情況發生在通用食品（General Foods）上。七喜（Seven-Up）是另一個讓人失望的事業，然而菲利浦．莫理斯的股票還是上揚了。一九八八年十月卅日，莫里斯公司宣布已簽下收購克瑞夫(Kraft)包裝式速食食品公司，收購價是一百三十億元，雖有如此的天文收購價（相當於克瑞夫一九八八年盈餘的廿倍），股市只讓菲利浦．莫理斯損失了五％的股價，該公司的現金收益竟多到足以在五年內付清這一整筆收購費用。看來要讓這家公司不賺錢，唯一的可能就是控告香烟之害的家庭打贏官司，取得大筆賠償金之時。

該公司連續四十年盈餘豐厚且年年高升，若不是擔心媒體炒作顧客與香烟公司的司法案件，投資人大概不那麼容易棄之而去。這類否定的情緒態度正好讓尋找好交易的獵者找到好機會，我也是其中一員。該公司的價錢不能再好，今天你還是能以本益比為十的價錢買成長率才發揮一半的冠軍成長公司。

關於成長率還有一件事該談：其他條件都相似時，成長率為兩成的成長公司，在二十倍於盈餘（本益比為二十倍）時出售，比起一成成長率的一家成長公司以十倍盈餘（本益比為十倍）出售要好得多。這點聽起來頗為神秘，但卻很重要，你必須了解股價節節高升的快速成長公司，盈餘的狀況究竟如何。看看兩家都以每股盈餘一塊錢起步的成長公司，一家有兩成成長率，另一家只有一成，其比較結果如附表。

	A公司（20%盈餘成長）	B公司（10%盈餘成長）
年份基期	$1.00 a share	$1.00 a share
第1年	$1.20	$1.10
第2年	$1.44	$1.21
第3年	$1.73	$1.33
第4年	$2.07	$1.46
第5年	$2.49	$1.61
第7年	$3.58	$1.95
第10年	$6.19	$2.59

一開始，A公司賣價二十元一股（二元盈餘的二十倍），最後其售價是一二三・八元（二十倍於六・一九元的盈餘）。B公司開始時賣一股十元（一元盈餘的十倍），最後賣廿六元（二・六之盈餘的十倍）。

即使A公司的本益比降到十五倍，因為投資人不相信它能保持快速成長，股價最後仍可賣到九二・八五元。不論如何，你買A公司都會比B公司有勝算。

如果我們讓A公司有兩成五的成長率，十年的盈餘將成為每股九・三一元，哪怕本益比只有保守估計的十五倍，股價仍高達一三九元。（請注意，我並沒有算三成以上的成長率，那種超高成長率往往持續不了三年，更別說是十年了。）

上面簡單說明了大贏家的關鍵所在，以及兩成成長股何以能在股市有大收穫，尤其是投資年數多時，收穫更大。難怪渥瑪和有限服飾能在十年之間大漲，其基礎就在於盈餘呈等比級數增高之故。

底線

最近常聽人們提到「底線」，「底線是什麼？」這句話在球場、商場，甚至法庭上都可以聽到。那麼真正的底線究竟為何？底線即一項收入說明最後面的最終數字：稅後純益。

企業的獲利能力往往受到許多誤解，我曾經看過一項研究，有人請大學生和其他年輕人猜猜公司的獲利率是多少，多數人都猜二到四成。過去幾十年來，真正的答案應該接近百分之五。

稅前純益是我用來分析公司狀況的一種工具，這是一個公司一年的銷售所得扣除所有成本，包括折舊和利息支出之後所剩的金額。一九八七年，福特汽車營業額是七百一十六億元，稅前所得為七十三億八千萬元，稅前獲利率為一成零三。

A公司

現況	生意好轉
$100 銷售	$110.00 銷售（價格上揚 10%）
$ 88 成本	$ 92.40 成本（增加 5%）
$ 12 稅前盈餘	$ 17.60 稅前盈餘

B公司

$100 銷售	$110.00 銷售（價格上揚 10%）
$ 98 成本	$102.90 成本（增加 5%）
$ 2 稅前盈餘	$ 7.10 稅前盈餘

零售業的獲利空間比製造業小，生意再好的零售業也只有三．六%的稅前獲利率。另一方面，生產高利潤藥品的公司，一般可以有兩成五，甚至更高的稅前獲利率。

比較不同行業間的稅前獲利狀況沒有多大意義，因為各行各業的數據差異甚大，比較有用的是同一行業內不同公司的獲利比較，獲利率最高的公司，無疑是營運成本最低的，因而也是在生意不景氣時，適應力最好的公司。

假設A公司有一成二的稅前獲利率，B公司則是二%而已；假設該行業不景氣時，兩家公司都必須降低一成的產品售價，銷售量同時也降了一成，A公司現在有二%的稅前獲利率，依然有利可圖，而B公司卻跌進赤字裏，負成長為八%，已進入危險公司的行列了。

稅前獲利率是另一項重要因素，無須面對太複雜的專家技術，即可用來評估一家公司是否有能力在不景氣時存活下來。

這是很詭異的情況，因為生意向上走時，獲利率最低的公司是受惠最大的。假設我們的兩家公司在兩種假設情況中，一百元的銷售額將有何不同改變：

在此研究中，A公司的利潤幾乎漲了五成，而B公司甚至漲了三倍。這說明了快要完蛋的企業東山再起時，往往變成極大的贏家。這種情況在汽車業、化學業、造紙、航空、鋼鐵、電子，以及稀有金屬業等工業中都非常常見。同樣的潛力也存在於目前景氣蕭條的行業中，如看護中心、天然瓦斯公司以及零售業等。

那麼你要的應該是高獲利率的長期投資股，可在景氣好與不好時持續持有，另外可買成功的起死回生行業中，獲利率較低的公司。

第十四章　再檢視公司的故事

每隔幾個月檢視一下公司故事是必要的，這項工作包括閱讀最近的「價值線」或季報，並詢問盈餘狀況，看看是否如預期的往上走。你可能還得到商店看看某項產品是否受歡迎如昔，還有店裏的生意是否欣欣向榮。有沒有哪張牌不管用了？尤其是快速成長股，你必須自問：是什麼讓它們保持快速成長？

成長公司的生命分為三個階段：起步期，它在基本生意上剛從混亂中冒出頭來；迅速擴張期，公司開始往新市場擴張；成熟期，又稱為飽和期，公司面對現實：繼續擴張已非易事。這些階段有時會持續好幾年，第一階段對投資人而言風險最高，因為一個企業的成功尚未成形，第二個階段最安全，也是錢賺得最多的時候，因為該公司的成長並不難，只須將成功模式複製到其他地方即可。第三階段問題最大，因為公司已發展到極限，必須找其他辦法來提升盈餘。

你定期檢視這種股票時，必須弄清該公司是否已從一個階段過渡到另一個階段，如果你檢視自動數據處理公司這家代客處理薪資的公司，發現他們離飽和市場還很遙遠，因此該公司仍停留在第二階段。

山梭馬提公司將其防止商店裡順手牽羊的偵測系統往各商店送時(第二階段)，它的股票從兩元漲到四十元，慢慢的，它走到了極限，再也沒有新的商店可開拓了。該公司想不出新的方法來保持它的顛峯成績，股價便從一九八三年的四十二塊半跌到八四年的六塊不到。你如果看到這種發展趨勢，就要找出該公司的新計畫，以及它是否有機會成功。

施樂百已拓展到每一個都會區，還有哪裏可去?有限服飾在七百個全美最熱門的購物中心中的六百七十個設了專門店，最後終於走到極限了。

發展到此，有限服飾能成長的空間在於增加各門市的顧客量，故事自此開始改變。當有限服飾買下另外兩家服飾，你有一種感覺:快速成長階段已經結束了，該公司不太知道如何是好。第二階段中，它可能已經把錢全花在擴張上面。

溫娣在每一家麥當勞的旁邊開店，最後它剩下的成長空間不過是增加顧客人數而已。安赫梭公司的啤酒已經占了四成的啤酒市場，還能往哪裏成長？他們不可能讓所有喝啤酒的人都選他們的品牌，總有一小撮人拒喝，那怕被雷射槍指著鼻子或被外星人挾持都一樣。該公司的成長早晚會慢下來，它的股價和本益比成長狀況也將隨之萎縮。

又或許這家啤酒公司會想出新的成長方式，就如麥當勞的策略一樣。十年前，投資人擔心麥當勞的快速成長即將成為歷史陳跡，你放眼看去，到處都有麥當勞，當然它的本益比也早已從快速成長股的三十倍降到穩定成長期的十二倍。而雖然有這麼多不信任票（它的股票自七二年到八二年間都停滯不前），但它的盈餘仍然很好，麥當勞以充滿想像力的方式保持它的成長。

首先，他們加了汽車外帶窗口，這個部分的營業額現在已占總營業額的三分之一。接下來是早餐，這又將它的產品銷售帶進另一個領域，把店裏原本生意最清淡的時段炒熱起來。早餐使麥當勞的營業額增加了兩成，而相對增加的成本卻很有限。接下來是沙拉和雞肉，兩種產品都增加了盈餘，也使麥當勞不再全面依賴牛肉市場。人們原以為牛肉價格上漲會讓麥當勞大受打擊，其實這只是老麥當勞的困境而已。

新門市增加的速度減緩，麥當勞證明它能在既有的領域裏成長。它同時又迅速地在海外擴張，要想在英國或德國每一個街角上看到麥當勞，大概還要花上數十年的時間。雖然本益比已降低，但麥當勞還有很大的發展空間。

如果你買了任何一家有線電台，想必已經看到一連串的大幅成長：首先是郊區民宅裝設率提高；第二，觀衆付費觀賞HBO、迪士尼頻道、電影頻道等等；第三則是都會區的裝設率激增；第四，家庭購物網之類的節目有了忠實觀衆（每賣出一項產品，有線電視台便可抽取一點佣金）；後來是付費廣告，這個項目頗具賺錢潛力。故事愈來愈精彩。

德州航空是個變壞再轉好再變壞的故事，整個轉變前後才五年。我在一九八三年中買了一點這種股票，然後眼看該公司的主要資產——大陸航空，準備宣布破產。德州航空的股票從十二元掉到四塊七五，而大陸航空的股票則跌到三塊錢，德州航空是最大的持股人。我把該公司當成起死回生股，密切注意它的發展。德州航空削減成本；大陸航空贏回乘客，並且從會計師的墳場上爬回來。等到他們的改善計畫成功時，我便買了大量的股票；到了一九八六年，兩種股票都漲了三倍。

一九八六年二月，德州航空宣布買下了東方航空一大部分的股票，這也被視為一項可喜的發展。在一年之間，德州航空的股票再次連漲三倍，達到五十一塊半，成了一九八三年解決危機以來的十壘安打股。

此時我對該公司的觀察很不幸已掉以輕心，由於東方航空和德州航空的盈餘潛力相當可觀，我已經忘記要注意近程事實了。德州航空買下大陸航空剩下的股份時，我被迫兌現了一半的大陸航空股票，因而小賺了一筆。然而我並沒有把剩下的德州航空股票賣掉，快快樂樂的走出這個局面，反倒在一九八七年二月以四十八塊多的價錢買了更多的股票。德州航空的投資負債表馬馬虎虎（如果把各航空公司的總負債加總，可能比幾個未開發國家的負債額來得高），而航空業乃屬於循環工業，為什麼我竟然買進而不賣出？我看到股票上漲就瞎了眼，我愛上德州航空有所改善的最新故事，沒在意基礎崩垮的事實。

這個全新的進步故事如下：德州航空的營運及勞工成本都大幅降低，該公司因而深蒙其利。除了從東方航空公司受惠之外，它還買了前線航空和大衆快遞，並計畫以振興大陸航空的方式振興這兩家航空公司。這個概念很棒：買下失敗的航空公司，降低營運成本，接下來自然有大利潤。

出了什麼事？我像唐吉訶德一樣，醉心於甜美遠景，忘了自己騎的是一匹劣馬。我只注意到德州航空在一九八八年所預估的每股十五元的盈餘，疏忽了報紙上天天發出的警訊：遺失行李、不守飛航時間、延遲抵達、憤怒的顧客和不悅的東方航空雇員等。

航空業是必須謹慎行事的行業，就像旅館一樣，幾個不愉快的夜晚便足以毀掉一家旅館五十年小心累積下來的信譽。東方和大陸航空可不只幾個不愉快的夜晚而已，各項營運部分不能和諧的運作，東方航空的爭執與不快，正是管理階層與各工會間，對薪資和紅利意見不合的結果。這些工會都奮力反撲。

德州航空的盈餘自一九八七年早期便開始逐漸降低，他們計畫削減東方航空四億元的營運成本，我應該提醒自己，這項構想尚未實現，而看起來這好像永遠不會發生。現有的勞工合約還有幾個月的時間才到期，此時雙方正相持不下。最後我恢復了知覺，在十七、八塊時售出股票，一九八七年底，股價跌到九元，我手上還有一點股份，我決定留下來充當消息打探股。

我沒有在一九八七年夏天減少德州航空的持股量，實在犯了一大錯誤，而當東方航空的問題愈演愈烈，並顯然會蔓延到一九八八年時，我應該依此基本資料去挑選另一個贏家：達美航空。達美是東方航空的主要競爭對手，也是東方航空出問題時最直接的受益者，尤其東方航空打算縮小營運規模，對達美的幫助更大。我也有一點達美的股票，但我應該讓該公司進入我的前十名。該股票在一九八七年夏天從四十八元漲到六十元，十月跌到三十五元，年底小升到三十七元。到了一九八八年中，它大漲到五十五元，數以萬計搭東方航空和達美航空的人，都和我一樣看到這些發展，他們大可利用這項業餘玩家的優勢。

第十五章　最後的檢視表

我說的這些研究，每種股票頂多只要花幾個小時來進行，你知道得愈多愈好，但你不一定非打電話給這些上市公司不可，也不必用研究死海漩渦的學者那種精神去鑽研年報。有些「知名數字」只對特定類別的股票有用，否則大可完全不加聞問。

以下是你對六類股票應該知道的一些事項的摘要：

所有股票

——本益比。和同一行業的類似公司比起來，這家公司的股價是否偏高或偏低。

——大型機構投資法人持股的比例，愈低愈好。

——公司自己人是否也買自己的股票，公司是否逐步買回自己的股份。兩者都是正面訊號。

——盈餘紀錄優良，保持持續成長的狀態。（唯一不需要太在意盈餘紀錄的是資產股。）

——該公司的資產負債表是強是弱（負債對資產的比率），其財務強度如何。

——現金多寡。有每股十六元的淨現金值，我就可以知道福特不會掉到每股十六元之下，這是該股票的底價。

緩慢成長股

——買這種股票既是為了收股息（否則買了做什麼？），你應該查查股息是否定期給付，並且定期調升。

——如果可能，查一下有多少盈餘被用來當作股息發出。若比例偏低，便顯示該公司在艱難時期有緩衝的機會，它可以賺得少而仍然付出股息。如果比例甚高，其股息的風險便較高。

穩定成長股

——屬於不大可能關門大吉的大公司，主要問題在於價錢，而本益比會告訴你是否付太多錢了。

——查查看是否有惡化經營的可能性，會降低未來的盈餘。

——檢查該公司長期的成長率，並看看它在最近幾年是否保持同樣的成長速度。

——如果你打算長期持有這種股票，應看看該公司在前幾次不景氣和股市大崩盤時情況如何。（麥當勞在一九七七年大崩盤時表現良好，一九八四年崩盤時原地踏步，一九八七年的大震撼中，它和其他公司一起被吹垮。整體而言，這是一種好的防禦性股票。必治妥在一九七三及七四的兩年空頭中遭到痛擊，主要是因為它的價位太高。一九八二、八四和八七年它的表現都不壞。家樂氏從所有近年來的不景氣中存活了下來，只除了一九七三到七四年那一次，其他時候都算健壯。）

循環股

——仔細看看存貨以及市場供需關係。注意新加入市場的對手，這往往是個危險訊號。

——生意復原期間，本益比會出現縮水現象，而盈餘高峰出現時，也就是投資人該注意一個循環將要結束的時候了。

——如果你了解你的循環股，便占了優勢，可以算出循環的起伏期。（比方說，大家都知道汽車業的景氣循環，通常三、四年大起後會跟著三、四年大落，一向都是如此。汽車會折舊，因此必須被淘汰，人們可以拖一、兩年才換車，但早晚他們得回到汽車商那兒。

汽車業跌得愈深，復原後的景況也愈好。有時我會在生意惡劣的年度裏進入市場，因為我知道比預期更長的不景氣會帶來更長、更持久的回升上揚。

最近我們看到五年的汽車業好景，因此我知道我們已走到一個繁榮循環的中間，或許接近結尾了。不過，預測一個循環何時回升，比預測它何時下滑容易多了。）

快速成長股

——研究一下讓該公司賺錢的某項產品，是不是它的業務中的重要角色。蕾格斯是，雷克山塑膠就不是。

——近幾年的盈餘成長率是多少。（我最喜歡的股票都達到二〇%到二五%之間。我對成長率高過兩成五的公司有點擔心，成長率在五成以上的都屬於熱門工業，而你知道這是什麼意思。）

——這家公司已在其他城鎮複製其成功模式，證明其擴張計畫是可行的。

——該公司仍有成長空間。我首次造訪皮肯雪零售公司，他們在南加州事業興旺，正預備往北加州發展，還有四十九個州等待開發。而施樂百卻已徧布全美。

——該公司股票的本益比是否接近其成長率。

——擴展速度是否加快（去年增加三家分公司，今年增加五家）。對山梭馬提電子公司這類股票而言，其銷售品主要是耐久財，不像刮鬍刀之類的消耗品，必須一買再買。這類公司的成長慢下來，破壞力極強。山梭馬提在七〇年代末、八〇年代初的成長率相當高，但如果要增加盈餘，他們必須年年提高銷售量，來自電子監測系統（一次買斷即止）的收入遠高過出售小白標籤（監測感應器）的收入，因此等到一九八三年，該公司的成長慢下來時，其盈餘成長不但慢下來，還是負成長，股票也跟著從四十二元跌到一年後的六元。

——極少數機構投資法人買這種股票，而且只有極少數分析師聽過這種股票。對正在長大的快速成長公司而言，這是一大優勢。

起死回生股

——最重要的是，這家公司能從債權人的逼壓下活過來嗎？它有多少現金？債務有多高？（蘋果電腦發生危機時，有兩億現金，沒有債務，因此你應該知道它不會關門大吉。）

這家公司的債務結構如何，它能在危險狀況下運作多久，夠不夠在破產之前解決問題？（內維斯塔公司是一家原可起死回生，結果讓投資人大失所望的公司，因為該公司多發行了數百萬股的新股票來募集款項。這種稀釋股利的做法養活了公司，股價卻不再回升。）

——如果該公司已破產，持股人還有什麼可到手？

——該公司憑什麼起死回生？它是否擺脫了無利可圖的部門？這對獲利而言會有極大的差異。舉例來說，洛克希德在一九八〇年從國防工業上賺到每股八・〇四元，但它的商業航空部門卻賠了六・五四元，因為它的L-1011三星客機表現不佳。L-1011是很棒的機型，但不幸在不算大的市場上遭遇了麥唐納道格拉斯的DC10客機，而在長程飛行市場上，又遇到勁敵七四七。這些損失一直持續下去，一九八一年十二月，該公司宣布停止生產L-1011。結果該公司的股票在八一年大跌到二十六元，但這種損失只是一時的，八二年間，洛克希德從國防工業上賺了十・七八元，一方面又沒有賠錢部門需要彌補，它的盈餘在兩年間從一塊半跳到十・七八元！你如果在洛克希德結束L-1011時，以十五元買它的股票，四年後便得到四倍漲幅，成了六十元。

德州儀器是另一家模範起死回生股。一九八三年十月，該公司宣布退出家庭電腦業（另一個競爭者太多的熱門市場）。那一年它在家庭電腦這一項產品上就賠了五億美元，公司決定大幅勾銷這筆赤字，這表示該公司可以全力以赴專心在它拿手的半導體和國防電子生意上發展。該消息發布後，它的股票從一〇一元漲到一二四元，四個月後更漲到一七六元。

時代週刊也賣掉了一些部門，並且大幅削減了成本，這是我最近最喜歡的一個起死回生股，它其實也是個資產股，有線電視的部分有一股六十元的潛力，因此股價若賣一百元，你等於用四十元買了該公司的其他部分。

——生意好轉了嗎？（這是伊士曼柯達公司的經驗，該公司的攝影膠卷大暢銷，一時大獲其利。）

——成本是否削減？若是，成效如何？（克萊斯勒以關廠的方式急遽削減成本，該公司還將許多零件生產線賣出去，省下這個部分的數十億元資金。它從成本最高的汽車製造商一下變成成本最低的汽車商之一。

蘋果電腦的起死回生較難預測，但你若與該公司接近，就會注意到銷售量激增的盛況，以及降低成本、新產品吸引人等等，這些因素都一起出現。）

資產股

——資產價值為何？有沒有隱藏資產？

——有多少負債必須由這些資產來抵付？（債權人有優先權。）

——該公司是否有新債務，使得資產變得較無價值？

——是否有「狙擊手」會前來收購資產，讓持股人得以從中獲利？

以下是本書第二篇的重要提示：

- 了解你所投資公司的本質，以及你購買這種股票的理由。（「這種股票穩賺不賠！」不算。）
- 把股票分類一下，你會比較知道能有什麼期待。
- 大公司有小變動，小公司有大變動。
- 如果你想從特定產品上獲利，先想想公司的大小。
- 尋找已經賺到錢，並且證明其構想可以複製、實行的小公司。
- 對年成長五〇%到一〇〇%的公司要特別小心。
- 避開熱門工業的熱門公司。
- 不要相信分散投資，這往往變得一敗塗地。
- 渺茫股幾乎永遠不會有好成績。
- 最好先錯過某種股票的初次出擊，看看該公司的計畫能否實行再說。
- 人們往往能比專業人士早幾個月甚至幾年，透過工作得到極有價值的基本資料。
- 股票情報和提供情報的人不能混為一談——即使對方非常聰明、富有，上一次的情報也正確。

- 有些股票情報可能非常有價值，尤其是來自該領域的專家。然而，在造紙業工作的人往往給人藥品股票的情報，而在醫療界的人則永遠有給不完的造紙業轉手的小道消息。
- 去投資看起來無聊、世俗、冷門，並且尚未被華爾街發現的單純的公司。
- 非成長企業中的快速成長公司（二十%到二五%）是理想的投資目標。
- 尋找定位明確的公司。
- 購買陷入困境公司的低落股票時，應挑選財務地位優秀的，避免找銀行貸款過多的公司。
- 沒有債務的公司不會破產。
- 管理能力或許重要，但很難加以衡量。你的購買標準應放在公司的前景上，而非負責人的資歷或表達能力。
- 受困的公司捲土重來，能讓你大賺一筆。
- 小心考量本益比，如果股價被高估，那麼即使其他條件一切完好，你還是賺不到錢。

• 找一條故事線來追蹤，以便監看公司的發展狀況。
• 尋找不斷買回自家股票的公司。
• 研究一家公司幾年來的股息紀錄，以及過去幾次不景氣期間的盈餘狀況。
• 尋找只有少數證券商合夥人或完全沒有這類合夥人的公司。
• 在其他條件都相同的情況下，應挑選管理階層自己做了重大投資，公司利潤直接影響其薪資厚薄的公司。
• 公司大股東或內部員工自購股票是個正面訊號，尤其是不止一人在購買時。
• 每星期至少花一小時做投資研究，把股息加起來，算算你的收穫，但不要算損失。
• 要有耐性，盯著看的股票是不會沸騰的。
• 只憑帳面價值來選購股票，既危險又不實際，實際價值才算數。
• 有疑慮時，稍後再行動。
• 選新股票時，至少得和選購冰箱花一樣多的時間。

選股戰略

ONE UP ON WALL STREET

第三篇　長遠眼光

這個部分我要再談幾個重要項目，比方如何設計一份投資組合，以便將獲利拉到最大而危機降到最低；何時買進何時賣出；市場崩盤時怎麼辦；有關股票漲跌的幾項嚴重誤導的觀念；在選擇權、期貨和融券上下賭注的陷阱；以及有關今日股市及上市公司的各項新、舊、刺激與煩亂的種種。

第十六章　設計一份投資組合

我聽過別人說，一年從股市賺取二五％或三〇％收益他們就滿足了！滿足？如果有這種獲利率，他們不久就會和日本人及貝斯兄弟（Bass Brothers）（譯註：德州著名投資者）一起擁有半個美國了。即使二〇年代的大亨也不能保證永遠享有三成的成長率，而華爾街當時是由他們所操縱的。

某些年裏你可以有三成獲利，有些時候只有二％，甚至會有兩成的損失，這是常態，你必須接受這樣的事實。

高期望有什麼錯？如果你期望年年有三成的收穫，那麼你會覺得受股票所欺，因而備感沮喪，你的不耐煩會讓你在錯誤時機放棄你的投資。或者更糟，你為了追求不切實的幻想，會冒不必要的風險。唯有抓住投資策略，不受好年頭或壞年頭的影響，你的長期投資才可能有最大的利潤。

如果兩成五到三成的獲利不切實際，那麼應該是多少？當然，你在股票上的所得應該要比投資債券多，因此長期下來，股票如果只讓你賺到百分之四到六，那就太糟了。如果回顧你的長期投資紀錄，發現你的股票表現不比你的存款帳戶好多少，便該檢討你的投資技巧了。

順便提一聲，你在檢視自己的股票表現時，別忘了把訂閱財經雜誌和新聞信函的費用、佣金、投資會議，以及打給經紀人的長途電話等等全算進來。

一年百分之九到十的進帳，是一般長期股票投資應有的收穫，這是股市長期以來的平均數據。你得到這一成獲利的方式可以是投資那些不收佣金、專門投資S&P五〇〇大指數的共同基金，五百種股票都買，得到的結果便和股市平均表現數值相當。你完全不必做功課，也不必花任何額外的金錢，還可以拿這種成績當做評估標準，用來與專家管理的麥哲倫股票型基金績效作比較。

如果專門被聘僱來挑選股票的專家，其績效表現竟不如專門投資指數的指數型基金的表現，那麼我們就算尸位素餐了。但請給我們一個機會吧，不妨先想想你投資的基金類別，全世界最好的黃金股票基金經理人，也沒辦法在金價暴跌時拿出好成績，以單一的投資年度表現來評斷一個基金的表現並不公平，不過，如果過了三、五年，你發現自己所得和投資S&P500差不多，那麼你可以索性買S&P五〇〇大企業股票，或者去找一個過去績效佳的股票型基金。畢竟，花了那麼多時間挑股票，總該有些額外的收穫才對。

有這麼多更方便的選擇，你還要認定自己挑股票是值得的，那麼總該得到百分之十二到十五的回收才合算。這個數據是扣除了所有的成本和佣金，加上所有的股息和其他紅利之後算出來的。

還有一點顯示長期持股的投資人，比經常買進賣出的人有收穫得多。小額投資人買進賣出股票的成本相當高，股票交易本身已經比以前低廉多了，這是因為佣金大幅削減之故，同時也因為所謂的零股（Odd-Lot）交易費——不到一百股的股票交易費用——已經有所修改。（如果你在股市開張之前拿出你的零股，你的股份便會和其他零股放在一起，如此一來，你便無須付任何費用。）即使如此，買或賣一種股票仍會耗用百分之一到二的成本。

如果張三每年變動一次投資組合名單，他的損失大約是四%的佣金費，這表示他一開始就有四％這個大洞要補，如果最後算出來，他得到十二％到十五％的獲利，那麼他原本真正的挑股票所得利潤應有十六％到十九％。交易次數愈多，想超越S＆P五〇〇大企業平均表現或其他基金的表現就十分困難。（新的基金會跟你索取三％到八．五％的期初手續費，不過也僅止於此，從那時起，你可以在股票、債券和貨幣市場上隨意變動，不必再付任何其他費用。）

雖然有種種缺點，到最後個人投資者，若有辦法在十年間得到十五％的平均成績，贏過十％的股市平均，那就算幫了自己一個大忙。如果他以一萬元起步，十五％的獲利率讓他得到四〇，四五五的收穫，而十％的收穫只有二五，九三七。

多少股票才算太多？

要如何設計投資組合，才能得到十二％到十五％的獲利？你應該買幾種股票？我現在就可以告訴你：可能的話，別投資一千四百種，不過這是我的問題，不是你的。你不必擔心五％和十％的投資規則，也不必處理九十億元的資金。

長久以來，投資顧問一直分成兩大陣營，傑拉得・洛伯(Gerald Loeb)派宣稱：「把你所有的蛋全放進一個籃子裏才是上策。」安德魯・托拜斯(Andrew Tobias)則認為：「千萬別把所有的蛋放進一個籃子裏，籃子底也許有破洞。」

如果我的籃子有一個是渥瑪超市股，我會很高興所有的蛋都在裏頭，話說回來，我可不想在大陸航空的籃子裏冒險。如果我有五個籃子——修尼、有限服飾、佩波男孩、塔克鐘和國際服務企業公司——我發誓，分散投資絕對是上策，但如果還有雅芳或瓊斯曼維要分蛋，那麼我寧可挑個當肯甜甜圈之類的單一股票。重點是，別倚賴投資多少家才合適這類主張，數量多寡不是重點，全視這些股票的表現而定，每項投資都是一項獨立個案。

在我看來，如果㈠你占了某種優勢，㈡你發現某個令人興奮的跡象，足以通過所有的研究測試，那麼股票投資實在是多多益善。或許只有一種股票有此優勢，也許有十幾種，也許你打算全力應付起死回生股或資產股，因此買了幾種這類股票；又或許你對某種起死回生股或資產股有特殊了解，因此單單買這一種股票。

只為了分散投資，就把資金分散到你一無所知的股票去，是完全沒必要的。愚蠢的分散投資是小投資人的致命傷。

也就是說，只買一種股票並不安全，因為你即使做了功課，仍然可能眼看你挑的股票遭遇不測。投資組合不大時，我會覺得投資三到十種股票比較安心，這有幾點好處：

一、如果你在找十壘安打，那麼你買的股票愈多，碰到十壘安打的機會便愈大。幾種潛力無窮的快速成長股中，跑得最遠的股票是哪一種，可能會完全出人意表。

史達普百貨連鎖成了大贏家，而我一直以為它只有三、四成的成長力。這家馬馬虎虎的股票價格正在下挫，我在一九七九年買它時，只是想分散投資而已。不久，它的故事愈來愈好，超市和折扣商店都門庭若市。我在四元時買進，到了一九八八年該公司被收購時，股價已躍升為四十四元。馬利歐特是另一個出乎我意料的贏家，我在這家旅館住過許多次，但從未想到它的股票能跑多遠。我真希望自己買了幾千股，而沒有把錢分散到其他小股去。

順便一提，報紙上儘管喧騰著無數收購的謠言，但我想不出有哪種股票在預期會被收購的心理下買了之後，該公司真的就被收購了。通常的情況是，我看中某家公司的基本面，買了股票之後，該公司才被收購，這當然也是意料之外的事。你無法預期何種驚喜會在何時出現，因此多買幾種股票，命中的機率便比較高。

二、你擁有的股票愈多，資金流轉的彈性便愈大，這是我的重要策略之一。

有些人把我的成功歸功於投資成長股，這只說對了一部分。我投資成長股的金額從未超過總投資額的三到四成，其他資金都分散投資到本書提到的各類股票上。通常我會投資一、兩成到穩定成長股，另外一、兩成放在循環股，其他的放在起死回生股，我有一千四百種股票，但我的資金有一半是放在一百種股票上，三分之二放在兩百種股票上，另外有百分之一的資金分散在五百種次級機會上，作用是讓我做定期觀察，看看哪些股票帶有後勁。我在各種領域中找機會，如果找到的機會在起死回生股而非快速成長公司，那麼我會在起死回生股上做較大量的投資。如果次級股發生了什麼好事，讓我信心大增，那麼我便會把它變成主要投資。

分散各處

把錢分散在各類股票上，是另一種降低投資風險的方法，我在第三章已討論過這點。假設你已經做過該做的功課，並且以合理價錢買了幾家公司，那麼你已經把風險降到相當低的地步了，不過除此之外，以下幾點還是值得考慮：

緩慢成長股是低風險、低成長，因為沒有人期望這類公司有何大動作，股價自然跟著不動。穩定成長股是低風險、獲利平平，如果你買了可口可樂股，次年一切情況都平順，你可以賺到五成；而如果事事不順，你可能賠兩成。資產股是低風險、高收益的，如果你確實弄清資產價值的話。投資不合適的資產股，你的損失不大，而投資對了，你可能賺兩、三倍，甚至五倍。

循環股可能是低風險高收益或者高風險低收益，全看你如何預期循環的流暢。如果你是對的，你可以碰上十壘安打，如果你是錯的，賠上百分之八十到九十都是可能的。

十疊安打還可能出現在快速成長股或起死回生股——兩者都是高風險、高獲利的類別。上揚的潛力愈高，下挫的可能性也相對提高，而如果快速成長股蹣跚前進，或者一個起死回生股「舊疾」復發，你的錢可能會隨著股價重挫而賠光。我買克萊斯勒時，如果一切順利，我想我應該可以賺百分之四百，而一切都不順，我會賠百分之百，這是你買進之前必須先覺悟的。結果我驚喜不已的得到一個十五倍漲幅的股票。

沒有任何方法可以適切的算出這些風險和收穫的高低，但在安排投資組合時，你可以放幾個穩定成長股，用來平衡四個快速成長股和四個起死回生股。再次強調，成功關鍵在於先知後買，你不會想買股價過高的穩定成長股，增加你的投資風險。記住，七〇年代有好幾年，連必治妥都不保險，這種股票在原地不動，因為投資人在這種一成五的成長股上投入三十倍於盈餘的投資。必治妥花了十整年的成長時間，才追上過度膨脹的價位。如果你在高價位時買進，亦即兩倍於成長率的價錢，你等於冒了不必要的險。

如果你買了價位過高的股票，眼看該公司相當成功，卻不能讓你賺到錢，那真是悲劇一樁。自動數據系統公司就是個例子，該公司一九六九年的本益比是五百，接下來十五年，該公司盈餘節節上漲，足足漲了二十倍，而股價卻從四十元一路下滑到一九七四年的三元，到了一九八四年，該公司以四十四元的價錢被通用汽車公司收購，相當於十年前的價位。

最後，你的投資組合應隨你的年齡做調整。年輕的投資人有一輩子的賺錢生涯在眼前，因此可以冒點險找十疊安打，年長一些的投資人則必須倚賴其投資過生活，必須稍微謹慎一點。年輕的投資人可以等待，因此在找到成功的股票之前，可以做點實驗，也能承受錯誤。各人情況不同，究竟該如何分配投資組合的比例，全視你自己的條件而定。

為雜草澆水

下一章我會說明何時賣出股票較合適，在此我要談的是與投資組合的管理相關的股票出售技巧。我總是不斷檢測股票和相關故事發展，在情況有變時調整我的投資額，但我通常不會兌現——除非是為了應付贖回行動。兌換現金就等於離開股市，我的想法是應該永遠留在股市，但資金可依基本資料的變動而流通，我想，如果你認定某個數量的資金要永遠留在股市，就可以避免許多錯失良機之舉和無謂的痛苦。

有些人喜歡把「贏家」——上漲的股票——賣掉，而把「輸家」——下跌股——留下來，這好像是拔掉鮮花，只給雜草澆水。有些人正好相反，留下贏家賣掉輸家，結果也不相上下。兩種策略都不理想，因為都緊跟著股票價格走，把股價當成公司的基本價值的指標。（塔克鐘在一九七二年時股價下挫，這並非該公司情況不佳，出問題的只是股票而已，該公司當時的營運好極了。）我們可以看到，目前的股價完全沒有反映一家公司未來景況的能力，有時候，股價甚至會和基本面的內容所反映的實況逆向而行。

在我看來，比較好的策略是依照股價與故事間的互動關係調整你的資金流動，比方說，如果穩定成長股漲了四成——已經是我預期能得到的成績了——而該公司並沒有發生什麼奇妙的事情，讓我預期任何可能的驚喜，那麼我便會賣掉它，換一種有意思而價位並未上升的穩定成長股。而在同樣的情況下，如果你不打算全部賣掉，不妨賣出一部分。

成功地在幾種表現平平的穩定成長股之中買進賣出，所得結果可能與獨守一個不錯的贏家一樣：六個三成成長率的股票合起來，相當於一種四壘安打，六個兩成五成長率的股票合起來，則接近四壘安打的成績。

快速成長股只要還在成長和擴張，眼前也沒有明顯障礙，我通常會長期持有。每隔幾個月，我會檢查一次故事，看看是否和我最初聽到的相同。如果兩個快速成長股中，有一種漲了五成，故事便開始顯得有些可疑，於是我會把錢拿出來，轉進股價下挫或不動的快速成長股，因為後者的故事聽起來比較好。

談到循環股和起死回生股，基本面轉壞和價格上漲時就該賣出，改買基本面好而價格下跌的。

好股票跌價時賣出，以後又不再買進，這是一大悲劇。對我而言，股價下跌正是大量買進尚未發揮潛力及表現遲緩的好股票的最佳時機。

如果你無法說服自己：「下挫二五%時，我就是個買者。」卻老是想著：「下挫兩成五，我就要脫手。」那麼你永遠無法在股市賺到豐厚的利潤。

我前面提過的種種理由已經說明得很清楚，我一向反對「停損點」，在預定的價位上自動喊停，通常是在股價比買進時跌了一成，這是很不智的。不錯，在下挫一成時喊停，你的損失便只有一成，但由今天的股市狀況看來，每種股票似乎都有跌一成的紀錄，為什麼百分之十這個「停損點」竟有讓股票必跌一成的效果，實在令人不解，而賣掉股票後，你不僅不能保護自己免於賠錢，也讓賠錢變成必然的結果。遵照這類停損點，你會喪失在塔克鐘上賺十倍的機會。

給我一份遇到十%跌幅就拋售的投資組合，那麼我就能讓你看到一份正好賠十%的投資組合。你喊一次停，就等於情願以低於目前市價的價錢賣出股票。

另一件讓人不解的事情是，股票往往在下挫一成後便開始一路上揚，而謹慎的投資人早已賣掉了。在價錢下挫時喊停，根本沒有保護投資的可能，價錢上漲時脫手也不是好策略，如果我認定「漲兩倍時就脫手」，便永遠碰不到大贏家，因此也不會有機會寫這本書。守住股票，觀察動靜——只要原來的故事仍然不變，或者變得更好，你都應該留在原位——等上幾年，得到的結果會讓你驚訝不已。

第十七章　買賣的最佳時機

說了這麼多，我不想被當成一個抓股市時機的人，告訴你何時買進股票最合適。買股票的最佳時機其實就是你相信自己以合算價錢找到好股票那一天——這和逛百貨公司是一樣的。不過，有兩個時段是比較容易找到大減價機會的。

第一個時機是歲末稅負大拋售，這已成為股市的年度儀式了。難怪股市最嚴重的下挫時間往往出現在十月到十二月間，這是假期最多的時候，經紀人和我們一樣想花錢，因此他們格外想打電話，問問你有沒有要脫手的股票，好為你減一點稅。投資人基於某些理由，往往喜歡節稅，彷彿減免一點稅額就是一項大好機會，甚至於把它看成一件禮物——我想不出其他任何失敗能讓人們這麼開心。

法人機構投資人也喜歡在此時拋棄賠錢貨，好清除投資組合，等待即將到來的評估。這一切結合起來，便讓股價下挫，尤其是低價位的股票，因為一股低於六元的股票往往不獲青睞，大證券商會賣出低價股票，因為擁有這類股票易遭客戶的批評。這類拋售會引發更多的拋售，結果會把好東西的價錢拉得極低。

如果你有一張想買但在等降價的公司名單，歲末年終該是合算交易的好時機。

第二個時機是在股價每隔幾年就發生一次的暴跌、重挫、大波動或一路下滑時，如果在這些恐怖的情況下，你的膽子說：「賣了吧！」而你仍能鼓足勇氣，集中心思去買，那麼你將會遇到想都想不到的機會。專業投資人往往太忙或約束太多，無法針對市場狀況做快速反應，但你不妨看看一些獲利甚佳的實力派公司，在最近幾個股市重挫階段的好機會。（附表見附錄十七）

一九八七年重挫

一九八七年十月的大拋售中，你有機會買到我整本書多次提及的一些公司，夏秋之際一千點的重挫把所有的股票一起往下拉，但在真實世界中，附表中所列的公司都還很健全，並且仍繼續獲利，沒有任何損失。它們之中有許多很快便復原

1987 暴跌	1987 年 最高價	1987 年 最低價	1988 年 10 月
Wal-Mart渥瑪超市	$41	$20	$31 1/8
Dreyfus德萊弗斯	45	16	25 5/8
Albertson's阿伯森	34	21	36 1/8
Home Depot家用倉儲	28	12 1/2	28 3/8
Student Loan Marketing 學生貸款行銷	88	62	83 7/8
Toys "R"玩具反斗城	42	22	38 1/4
Coca-Cola可口可樂	53	28	43 1/8
Pier 1 一號碼頭進口	14	5	11 1/4
Inco英可	24	14	28 5/8
Envirodyne環境達因	29 1/4	10 7/8	26

了，而我總是一碰到機會就趕快把握。我在第一回合時錯失了德萊弗斯，這回就不會了（騙我一次，你可惡；騙我兩次，我可恥）。德萊弗斯跌到十六元，該公司有十五元現金的本錢，這是扣掉負債後的數據，因此怎麼會有危機？除了現金之外，該公司甚至還從危機中賺錢，許多投資人當時都退出股市，轉到德萊弗斯管理的貨幣市場去。

何時賣出

即使最深思熟慮的投資人，在時機未到時聽到猶豫不定的人喊「脫手」，多少也會動搖。自一九七七年五月接手麥哲倫基金以來，我對華納傳播企業便十分感興趣，華納是個有潛力的起死回生股，它原是個大集團，經營狀況逐漸惡化。我對它的基本面頗具信心，因此在二十六元時，把三％的資金投資到這種股票上。

幾天之後，我接到追蹤華納股的技術分析師的電話，對科學分析我一向心不在焉，但基於禮貌，我詢問了他的意見。他毫不猶豫的告訴我，這種股票「極度擴張」，這幾個字我永遠難忘。股市建議最大的麻煩是，不論是好是壞，它都會緊扣在你的腦子裏，你根本無法把它移走，而某時某日，你會發現自己做出反應。

六個月過去了，華納從二十六元漲到三十二元，我開始擔心了，「如果華納在二十六元時已經極度擴張，到了三十二元已算過度擴張。」我查了基本面狀況，沒有任何因素足以打壞我的興致，因此我在原地不動。不久股價漲到三十八元，不知為什麼，我開始大量出售，我當時一定是以為二十六元和三十二元都算極高的價位，三十八元自然撐不了太久。

當然，賣出之後，股票繼續漲過五十、六十、七十，最後超過一百八十元。即使日後該股票受到商業危機的影響，在一九八三到八四年跌了六成，仍然比我脫手時的三十八元高出一倍。我希望我在此學到教訓。

另一次太早出場的經驗是玩具反斗城，我在前面已經說過這家快速成長公司。一九七八年，玩具反斗城剛自母公司州際百貨公司分出來（該公司瀕臨破產，債權人得到玩具反斗城的股票做為補償），是個保證能賺錢的企業，它開始在各地的購物中心出現。該公司通過了一個地區的經營考驗，開始在其他地區複製成功模式。我做了功課，走訪商店，並且在每股一元時買了一大堆。到了一九八五年，玩具反斗城漲到二十五元，是個二十五壘大安打，不幸的是，我不是受惠者之一，我賣得太快，因為我曾經在某處讀到某個叫米爾頓．佩特瑞的投資人——一個零售業大亨買了二〇%的反斗城股票，是他讓股票上漲的。我找到的合邏輯的解釋是，佩特瑞一旦停止購買，股票就會下挫。而他在五元時停手。

我在一元時進場，五元時出場，得到一個五壘安打，因此我有什麼好抱怨的？我們都知道一句格言：「見好就收。」還有「九鳥在林不如一鳥在手。」但你找到好股票，並且買了下來，所有的證據都告訴你價錢會再漲，所有的發展也都如你預期，那麼你居然還賣掉，真是可恥。五倍漲幅讓一萬元變成五萬元，但接下來的五倍漲幅則讓一萬元變成二十五萬元，投資到二十五壘安打並非常有的事，即使對基金經理人而言也不多見，而對個人投資者，一輩子大概只有一、兩次這種好機會。遇上一個，就可以大有所獲，彼得・迪羅斯(Peter deRoeth)的客戶就是這樣，他讓我知道有這種股票，然後他的基金守住該股票，賺足二十五倍。

我又在芙蘿絲(Flowers)園藝公司上犯同樣的錯誤，接著是蘭斯餅乾公司(Lance)，因為有人告訴我，這些是大公司的收購目標，我一直等著有人來收購，最後失去興趣，放棄了我的持股。我一脫手，你可以想像發生了什麼事，這回的教訓是，我不應該在乎一家賺錢的餅乾公司是否能被收購，事實上，我應該高興它還獨立經營。

前面已經提到，我差點放棄了拉昆塔，因為一名重要的公司大股東賣出他的持股。而因為一名公司大股東開始賣股票而不買該股票，就和發現一名局外人不再買進而自己急急賣出一樣大錯特錯。在拉昆塔的例子裏，我不去理會這些外界因素，結果證明我是對的。

我相信還有許多例子說明我的過失，但我都淡忘了，通常，想緊抓著一種成功股票，不被一路看漲嚇住，往往比眼看它下挫還緊抱不放難得多。最近我一發現自己有被騙出局的危險，便趕緊重新檢視當初購買這種股票的理由。

敲邊鼓效應

下面講一個實例，說明業餘投資人和專業投資人一樣容易上當。我們有專家同業在耳邊低語，你則有朋友、親戚、經紀人和來自傳播媒體的衆多財經消息。

也許你收到「恭喜，別太貪心」的訊息，經紀人打電話來說：「恭喜，你的股票已經漲一倍了，我們別太貪心，換一種看看。」因此你賣了手上的股票，眼看它一路上揚，而另一種股票卻破產了，把你賺到的錢全賠了進去。此時你的經紀人從你的轉手間兩邊收取佣金，因此每一聲「恭喜」都代表著雙重佣金。

除了經紀人之外，你聽到的每一項有關股票的笨點子，都和「華納過度擴張」的說法留在我的腦子裏一樣，近來這類笨點子可真是震耳欲聾。

每回打開電視，都有人在宣布銀行股熱門、航空股看跌、公共事業股的好時光已經過去，存放款股注定沒救等等。如果你隨便轉動收音機頻道，無意中聽到幾句隻字片語，諸如日本經濟過熱會毀掉這個世界之類，下一次股市跌一成時，你會想起這句無意中聽來的話，因此可能會害怕的把新力和本田汽車賣掉，甚至賣掉高露潔這種既非循環股也非日本公司的股票。

星象學家和美林證券投資公司的經濟學家一起觀察股市，兩者說出南轅北轍的話，但聽起來一樣可信，我們當然會被搞混。

最近我們都得和敲邊鼓效應奮戰一番，有一項重大訊息一而再、再而三地重複，終於到了沒有人能倖免的地步。幾年之前有人鼓吹M1貨幣供給面影響股市的事，我當時在軍隊裏，M1是一種來福槍，我知道它，忽然間，這個代號成了華爾街未來命運所倚，而我無法告訴你這是什麼。記得一小時交件的Martinizing嗎？沒有人能告訴你這是什麼，而數百萬家乾洗店的老闆可沒有人去詢問，或許M1就是Martinizing-1的意思，也許經濟諮詢委員會之中有人以前是做乾洗生意的。總之，報紙上連著幾個月提到M1成長太快，人們開始擔心它會使我們的經濟下沈，進而威脅全世界。還有什麼理由比「M1看漲」更讓你願意賣出股票——哪怕你並不知道M1到底是什麼。

然後，忽然間，我們再也聽不到什麼M1貨幣供給的事，我們的注意力都轉移到了聯邦儲蓄理事會(FED)對其會員銀行放款時所收取利息的重貼現率升降上，有多少人知道這是什麼?你這回又可以把我算在外。有多少人知道聯邦儲蓄理事會是做什麼的?威廉·米勒知道，他曾經是聯邦儲蓄理事會的主席，米勒說，二三%的美國人以為FED是個原住民保留區管理單位，二六%以為它是保護動物的機構，五一%則以為是個威士忌品牌。

不過每週五下午(原本是週四下午，但很多人因而得以在週五股市開盤前先到FED大樓取得資料)，一半以上的專業投資人都會被最新發佈的貨幣供給數據給主導，股價也跟著或上或下波動不已。有多少投資人從此放棄某些好股票，只因為他們聽說較高的貨幣供給成長率會使股市往下掉?

最近有人提出警告(秩序不一)，油價上漲是可怕的事，而油價下跌也是可怕的事;強勢美元是一項惡兆，弱勢美元也是惡兆;貨幣供給額減少是警訊，增加也是警訊;貨幣供給數據早已成了擔心預算和貿易赤字的根深蒂固的恐懼，而數以千萬計的投資人必定被彼此的恐懼嚇得逃出股市，放棄股票投資了。

何時該真的賣出

如果股市無法告訴你何時該賣出股票，那麼什麼才能呢？這個問題沒有公式可循，「在利率上升前脫手」或「在下次不景氣之前脫手」都是值得參考的——如果你知道這些事件何時會發生的話，只是我們當然不會知道，因此這些格言只是聊備一格罷了。

這幾年來我已經學會用何時買進的考慮方式來考慮何時賣出，我不去理會外在的經濟條件，只有在有限的幾次情況中，我確知某些企業受到特定情況的特定影響。油價下跌，對加油站固然有影響，藥房所受衝擊就不明顯。一九八六到八七年間，我賣掉積架、本田、速霸陸和富豪等股票，因為我相信美元貶值一定會損害外國汽車公司的盈餘。不過十有九次，我賣出一種股票都是因為有另一家公司的故事更好，而原來的故事變得不甚理想。

結果是，你如果知道自己開始時為什麼買這種股票，自然也就會知道何時該和它說再見。讓我們就各類股票逐一檢視其出售訊號吧。

何時賣出緩慢成長股

這方面我幫不上忙，我自己很少持有緩慢成長股，少數幾種我買了，總是在漲了三到五成時就賣掉，或在企業基本面變質時脫手，哪怕當時的股價低於我的成本。以下是幾項訊號：

——這家公司連續兩年在市場占有率上失利，還換了新的廣告公司。

——沒有開發新產品，研發經費縮減，整個公司倚靠昔日的光榮而生存。

——最近收購的兩種毫不相干的企業看起來有惡化經營的現象，而母公司還表示，它正計畫擴大收購，「在科技的領域中擔任領導者」。

——這家公司付了很多錢收購其他企業，使它的資產負債表從原來無負債、且有數百萬現金變成了無現金、有數百萬負債。該公司已經沒有多餘的錢可以買回自己的股票，即使股價下跌也買不了。

——即使股價低，其股息也不足以吸引投資人的興趣。

何時賣出穩定成長股

這類股票我經常做不同公司的替換，期望在穩定成長股中找十壘安打是不切實際的，如果股價超過盈餘，或者如果本益比比正常範圍高出太多，你就可以想想是不是該賣掉，等到股價下跌時再買回來——或者和我一樣，買點別的。

其他的拋售訊號如下：

——過去兩年上市的新產品好壞參半，其他新產品仍在測試階段，至少得等一年才能上市。

——股票本益比高過十五，同業中品質相近的類似公司的本益比則在十一到十二之間。

——去年公司內部的主管沒有人買自己公司的股票。

——占公司獲利二五%的部門受經濟衰退影響表現欠佳（建築、石油業等）。

——公司成長率慢下來，雖然以縮減成本的方式保持盈餘狀態，未來削減成本的機會有限。

何時賣出循環股

最好的出售時機是在一個循環近尾聲時，但誰知道尾聲是什麼樣子？甚至於，誰對自己所談的循環股真的了解呢？有時候那些消息靈通的先鋒在一家公司開始走下坡之前一年就賣出股票，使得股價在毫無道理的情況下往下掉。

想在這個遊戲上玩得成功，你必須先了解奇怪的遊戲規則，這正是循環股古怪難捉摸之處。在類似循環類股的國防工業股上，通用動力一度在盈餘很高時，股價暴跌了五成，有遠見的循環觀察者往往趁早脫手，避免後來搶著賣股票。

除了循環終點之外，賣出循環股的最佳時機是某件事開始出錯時，比方成本大增，現有操作量已飽和，而該公司正花錢興建新工廠以增加新生產力。不論任何原因促使你在上次的低迷和最近的繁榮之間買了某某股，你都該心裏有數：最近的一次高潮已經過去了。

明顯的出售訊號之一是存貨增多，該公司無法擺脫這些壓倉貨，這表示接下來會是低價與低利潤。我一向很注意存貨量，停車場停滿新車時，就是賣出循環股的時候了。事實上，這時賣都有點太晚了。

日用品價格下跌是另一個預兆，通常油價或鋼鐵價格在盈餘出狀況之前數個月便開始下跌了。另一個有用的訊號是消耗品的未來價格比目前低，如果你有辦法找到這類內幕消息，就比別人先知道何時買循環股，然後你就可以注意價格變化的情況。

競爭對循環股而言也是個利空訊號，新加入的公司必須削價來爭取顧客，這使得其他公司也必須削價跟進，把大家的獲利都拉下來。只要有人需要鎳，而沒有人向英可公司挑戰，該公司就沒多少問題，除非需求減少，或者對手公司開始進入市場，那麼英可便有麻煩了。其他訊號包括：

——兩個主要工會的合約在下一年內到期，而勞工領袖要求重新談判上一回合他們沒有爭取到的加薪和分紅。

——產品最終需求量減少。

——該公司花一倍的資金開銷去建造美麗的新公司，而不是以較低的成本將現有設備現代化。

——該公司試圖降低成本，仍無法與外國對手競爭。

何時賣出快速成長股

這裏的訣竅是如何避免喪失可能的十壘安打，另一方面，如果一家公司四分五裂，盈餘也縮水了，那麼投資人下賭注的高本益比也會跟著破滅，對忠實的持股人而言，這是非常昂貴的雙重打擊。

注意重點如我前面所說，應該放在第二個快速成長階段的尾聲處。

如果蓋普服飾不再開設新門市，而舊門市看來有些破敗，你的孩子也抱怨蓋普沒有賣石洗牛仔裝，這其實是目前最時髦的貨色，那麼此時你就該考慮賣出股票了。如果有四十名華爾街分析師強力推薦某種股票，大型機構投資法人握有六成的股票，三種全國性雜誌介紹過該公司總裁，那麼你絕對該出售手中的股票。

所有在第九章提到的你應該躲開的股票所具有的特性，也正是你應該賣出的股票所具有的特性。

循環股的本益比在一個循環近尾聲時往往逐漸變小，成長股的本益比則會逐漸變大，甚至到達荒謬的地步，完全不遵循邏輯。記得拍立得和雅芳的例子吧，這種規模的公司本益比怎麼能高達五十？任何四年級的小學生都可以告訴你，出售股票的時機到了。雅芳能賣十億瓶香水嗎？怎麼可能？除非全美國的家庭主婦每兩人就有一人當推銷員。

你可以在本益比為四十時賣掉假日旅館，好日子早已結束了，你的做法是正確的。當你看到全美各地每條重要的高速公路相隔二十哩就有一家假日旅館，你到直布羅陀旅行，竟也在那裏的大岩石下看到假日旅館，那麼是擔心的時候了。它還能發展到那裏去？火星？

其他訊號包括：

——上一季同樣商品的門市銷售量降三％。

——新門市成績不理想。

——兩名高層主管和數名主要職員離職，加入對手公司。

——該公司最近做了一場巡迴秀，花兩星期到全美十二個大城市，向大型機構投資法人介紹該公司的光明遠景。

——該股票的本益比高達三十倍，而最樂觀的未來兩年盈餘成長率預估高達百分之十五到二十。

何時出售起死回生股

出售起死回生股的最佳時機是等到它起死回生，所有的麻煩都已過去，大家也都知道這一點。這家公司又回復到它倒下之前的原來面目：成長公司或循環股或其他類公司等，投資人擁有它的股票並不會覺得困窘。如果起死回生股東山再起，你便應重新加以分類。

克萊斯勒在兩元、五元，甚至十元時是個起死回生股，但在一九八七年中漲到四十八元時，它的負債已經償清，敗壞部分已經清除，該公司又是一家依淡旺季循環的健全汽車公司了。該公司的股票還在漲，但看來不會是個十壘安打，你必須把它當做通用汽車股、福特或其他類似的公司來處理，如果你喜歡汽車股，留著克萊斯勒吧，該公司各部門的表現都好，而買下美國馬達公司後，它的未來發展更充滿潛力，當然也有一些短期的問題。但如果你全心經營起死回生股，不妨把克萊斯勒賣掉，找尋其他目標。

大衆公共事業公司在四元、八元和十二元時是起死回生股，但是到了它的第二座核能廠重新啟用，其他電力公司也同意付費分攤三浬島污染費用時，該公司便再度成為正常的電力公司了，沒有人會認為它就要關門。該公司股票現在是三十八元，以後可能漲到四十五元，不過一定不會漲成四百元。其他訊號包括：

——債務，連續五季都在減少，但在最近一份季報中卻多出了兩千五百萬元。

——存貨量的成長率是銷售成長率的兩倍。

——本益比比起盈餘預估而言顯得過度膨脹。

——該公司最強的部門有一半的產品是賣給一家主要客戶，而該客戶正飽受銷售量銳減之苦。

何時出售資產股

最近大家都在等狙擊手出現，如果真的有隱藏資產在哪裏，那些有好眼力的狙擊手會出現的。只要這家公司的債務不要太高，不至於貶低其資產的價值，那麼你就可以保留股票不動。

亞歷山大包得溫(Alexander and Baldwin)公司在夏威夷擁有九萬六千英畝的不動產，外加獨家航運權以及其他資產，很多人估計這種股票絕對不只值五元一股，他們想耐心等待，但幾年過去了，卻毫無動靜。然後有一位哈利・溫伯格先生買了五%，然後又買了九%，最後買了十五%的股份，這刺激了其他投資人爭相認購，股價直漲到三十二元，而後跌到一九八七年十月的十六元時，該公司才賣出。七個月之後，該股票又回漲到三十元。

斯托勒通訊公司和迪士尼公司也發生同樣的事。迪士尼是一家打瞌睡的公司，不知道自己的價值，直到新的管理階層進來「增進持股人的價值」，總算開始進步，它成功地從卡通片走向更廣大的成人觀眾羣，它的有線頻道相當成功，日本主題公園也不錯，歐洲主題公園有起色。迪士尼無可取代的電影圖書館和佛羅里達及加州的不動產，讓它同時成為一家資產股、起死回生股以及成長股。

你不必再等到你的孩子出世，孩子又有孫子之後，才能發現你買的股票公司所藏的資產，過去人們往往一輩子守著一種被低估的股票，看它一動也不動，現在不同了，感謝那些到處尋找被忽視資產的企業大亨，他們讓被低估的股票得以儘早反映身價，增加持股人的獲利。（波恩・皮根斯Boone Pickens，幾年前到我們公司來，告訴我們，海灣石油公司Gulf Oil這類的公司會如何被收購。我聽了他的簡報，然後匆匆下結論，認為這絕無可能，我相信海灣石油太大了，不會被收購——我是對的，直到雪福蘭Chevron石油買下它為止。現在我可以相信任何公司都有可能被收購，包括一些大企業。）

有這麼多狙擊手圍伺，一個業餘投資人想找到好的資產股可不容易，但知道何時脫手卻有竅門，你必須等到某個大狙擊手出現時再賣出股票，之後該股票便成了被收購的對象，有一場賭仗好打，該股票所屬公司可能以兩倍、三倍，甚至四倍的價錢被買走。其他訊號包括：

——股份雖以低於市場價值的價錢出售，該公司管理階層仍宣稱他們將額外發行十%的股份，以協助籌措一個新計畫的資金。

——可望以兩千萬元出售的某個部門，結果只賣了一千兩百萬元。

——公司稅率降低，大幅降低了該公司在損失免稅額上的價值。

——大證券商在過去五年間擁有的股票量，從兩成五直升到六成，其中有許多主要持股人是波士頓的共同基金組織。

第十八章　十二項有關股價最愚蠢（最危險）的傳說

不管專業或業餘的股票投資人，都喜歡解釋股票的動態，許多流行的說法總讓我大為驚異。我們在消除醫學和天氣預報方面的無知與迷信上都頗有進展，我們會嘲笑古人責怪玉米神不給他們好收成，我們會想：「像畢達哥拉斯那麼聰明的人，怎麼會相信惡魔能藏在床單裏？」然而我們卻願意相信，超級杯足球賽與股價有一點關係。

我在研究所和富達的暑期工作，在實務與經驗轉換間，第一次發現，即使最聰明的教授，談到股票時，也會像畢達哥拉斯看待床鋪一樣離譜可笑。自那時起，我不斷聽到各種理論，每一種都極誤導，但已層層篩落到一般大眾身上，謬思與錯誤觀念不勝枚舉，但我記了一些下來，以下是十二項有關股票最愚蠢的傳說，我一一列出，希望你可以逐一把它們驅出你的心思。有些聽起來相當熟悉。

已經跌成這樣，不會跌得更低了

這條常聽到。我敢打賭，拍立得的持股人在這股票從一四三塊半一路下跌時，一定不斷說出這句話。拍立得是一家有實力的公司，具有績優股的架勢，因此它的盈餘和銷售成績崩潰時，很多人都沒有注意標價過高的拍立得真相如何，他們還繼續安慰自己，「已經跌成這樣，不會跌得更低了」，甚至說：「好公司一定會及時好轉。」「在股票市場非有耐性不可。」還有「不應該讓好東西嚇跑才對。」

這些說法無疑是一遍遍在投資人之間，和銀行的投資組合部門之間流傳，這期間拍立得股票從一百元掉到九十，而後八十，等到股價低於七十五元，「……不會更低」派已形成一個小羣體，等到變成五十元，每兩個拍立得的股東就有一個說這個話。

新加入的拍立得持股人在一路跌價時買進股票，憑的也是這個理論，不會跌得更低了，許多人事後想必對此決定有些後悔，因為拍立得事實上還跌得更低。這種偉大的股票在一年不到的時間裏，從一四三．五元跌到十四塊多，直到這時，「不會跌得更低」的說法才成真。不會再跌理論的功用就這麼大。

你就是找不到任何規則可以告訴你，股票究竟能跌到多低，我自己在一九七一年就學到這一課了，當時我是個熱誠有餘、經驗不足的富達分析師，凱瑟公司已自二十五元跌到十三元，在我的推薦下，富達買了五百萬股——這是美國股票交易史上最大的交易筆數之一——那時股價是十一元，我十分自信的認為這種股票不會跌到十元以下。

等它成了八元，我打電話叫我母親去買，因為你絕不會相信凱瑟會掉到七塊半以下，所幸我母親沒聽我的話。我恐懼的看著這種股票在一九七三年自七元跌到六元再跌到四元，到此它才證明沒有更低的地方可去了。

富達的投資組合經理人留著他們的五百萬股，理論是，如果凱瑟十一塊算是好買賣，到了四塊錢時無疑更棒。我是推薦這種股票的分析師，因此不斷向大家保證，該公司的資產負債表相當健全，事實上，我們都很開心的發現，該公司只發行兩千五百萬股股票，股價四元時，整個公司便只值一億美元，同一筆錢可以買四架波音七四七，現在這筆錢只夠買一架機身，不帶引擎。

股市把凱瑟逼到這麼低價的地步，使得這家有不動產、鋁、鋼鐵、水泥、造船廠、玻璃纖維、矽石廠，以及廣播事業，更別提吉普車了，所有這一切只賣到四架飛機的錢。該公司沒什麼債務，即使它出售資產，我們算算它還有一股四十元的價值。如果在今天，必定會有狙擊手出現，一舉把它買下來。

很快地，凱瑟果然回升到了三十元，但在它掉到四元之前，我一樣不能免俗的相信「不可能跌得更低」。

股票跌到谷底時你一定會知道

在河底撈魚是投資人常玩的消遣，但上鉤的往往是漁人而不是魚。想抓住下挫股票的底線，就像要接住一把往下掉的刀子一樣，等待刀子掉到地上，完全停止震動了再去撿，這是比較可行的辦法。但試圖抓住一種迅速下挫的股票，結果往往造成痛苦的驚異經驗，因為你往往會抓錯地方。

如果你有興趣買起死回生股，應該有個好理由，不要只是因為該股票跌得夠低，你相信是回升的時候了。也許你知道生意正在好轉，你查過資產負債表，看到該公司每股有十一元的現金，而股票是十四元。

但即使如此，你還是不可能確知自己碰到股價的底線，通常股票開始回升時，會先擺動一陣子，這個震動過程有時要兩、三年，甚至更長。

已經這麼高，怎麼可能更高？

你是對的，除非碰上了菲利浦．莫理斯或速霸陸。從附圖（見附錄十八）看來，菲利浦．莫理斯無疑是有史以來最厲害的股票之一，而我已提到速霸陸如何讓我們全變成百萬富翁，如果我們買的是股票而不是車的話。

如果在五〇年代買了每股七毛五的菲利浦．莫理斯，一九六一年你可能會在兩塊半時賣出，因為你認為股價不會再高。十一年後，該股票漲成一九六一年的七倍，或五〇年代的二十三倍，你會再次認定它不會再高了。但你如果在當時出售，就會錯失二十三倍之上的另外七倍的漲幅。

自開始就跟著菲利浦．莫理斯的人，會看到他們的七毛五一路膨脹到一二四．五元，一千元的投資最後會變成十六萬六千元，這還不包括一路下來所得的兩萬三千元的股息。

如果我多此一舉的自問：「這種股票怎麼還能再漲呢？」那麼我一定不會在速霸陸漲了二十倍之後還買它，但我查了基本面資料，知道速霸陸的價錢仍然偏低，因此我買了，之後它漲了七倍。

重點是，股票能漲多少並無一定標準，如果故事好，盈餘持續增加，基本面又沒變，「不會再漲」便是放棄股票最笨的理由。所有曾經勸顧客在股票漲一倍時就脫手的投資專家都該覺得慚愧，這麼一來，你根本沒有遇到十壘安打的機會。

像菲利浦．莫理斯、麥當勞、史達普、修尼、馬斯可之類的股票，年復一年都在打破「不會再漲」的神話。

坦白說，我永遠無法預測哪些股票會漲十倍，哪些會漲五倍，只要故事不變，我總是緊握不放，希望能得到意外的驚喜。一家公司的成功不算意外，但其股票的變化往往讓人驚訝。我記得買史達普時，是把它當成保守的分紅股票，不久它的基本面不斷改善，我便知道手上多了一個快速成長股。

一股只要三元，我有什麼可損失的？

這句話你聽過多少次？也許你自己也說過，你碰上一股三元的股票，便想道：「總比買三十元一股的股票安全。」

我在這個行業裏二十年了，才明白一件事：不管一種股票值五十元或一塊錢，如果最後變成零，你還是一樣賠光。如果一股剩下五毛錢，情況便略有不同，投資人花了五十元，等於賠了九九%，花三塊錢買的人則損失八三%，但這也不過是五十步笑百步。

重點是，便宜的爛股票和昂貴的爛股票一樣危險，如果下挫，大家的命運都是一樣的。你投資一千元買回十三元一股的股票或三元一股的股票，兩種最後都變成零，那麼你的損失是一樣多。不管在何種價位時進場，如果挑錯股票，損失都是百分之百。

但我確信很多人不能抗拒三塊錢的誘惑，他們會說：「我能損失什麼？」

有趣的是，做空的專家專門在股票下挫時賺錢，他們在股價高時賣出，往往在接近底價而非頂峰價的時候買進。做空投資人喜歡冷眼旁觀，挑準鐵定會破產的股票，他們不在乎在六十元或是六元、八元時賣出，因為股票一路下滑，他們正好一路賺錢。

猜猜看誰會在股票變成八或六元時買進？正是那些對自己說：「我能損失什麼？」的投資人。

股票最後總會漲回來

成吉思汗也有捲土重來的時候。人們說RCA會東山再起，六十五年過去了，它還沒有再起。這原是個世界知名的大公司。瓊斯曼維是另一個沒有東山再起的世界知名公司，有太多石綿傷害訴訟案衝著它來，再起的可能性微乎其微。該公司發行了數億股新股份，結果大大稀釋了它的盈餘。

我還可以給你一張長長的名單，列滿規模較小、知名度較低的公司，它們現在都已銷聲匿跡，這類公司多得我都快要記不得了。或許你自己也投資了幾家公司——我不希望只有我一個傻子。想到數以千計的公司宣布破產，加上那麼多始終沒有東山再起的公司，以及賤價出讓的公司，你可以開始感受到「最後總會漲回來」的說法多麼不可信。

到目前為止，健康保健中心、數字表、地毯業等等都尚未漲回來。

黎明之前總是特別黑暗

人類的本性總傾向於認定，事情惡化之後應該不會變得更糟。一九八一年全美有四千五百二十個活躍的鑽油機具，一九八四年只剩兩千兩百個。當時很多人買了石油服務股，相信最壞的時期已經過去，兩年之後，活躍的機具只剩六八六組，今天的總數也還不到一千。

投資陸運服務業的人驚訝的發現，一九七九年的九萬多部陸運車輛，到了一九八一年會直落到四萬五千部不到，這是十七年來最低的紀錄，沒有人相信情況會變得更糟，直到一九八二年，只剩一萬七千多部，八三年是五千七百部。一度風光繁榮的工業，如今暴跌了九成的業務。

有時候在黎明之前的確特別黑暗，但也有些時候，在長長的漆黑之前才是最黑暗的。

漲回十元時我就脫手

在我的經驗裏，沒有一種糟糕的股票會回復到你決定出售的價位，「漲回十元我就脫手」這句話一說出，你可能就會眼看著股票幾年間都在九·七五元邊緣打轉，後來跌到四元，最後更跌成一塊錢。這整個痛苦的過程可能會耗上十年，這些年頭裏，你一直在忍受一項你並不喜歡的投資，只因為有個聲音在你心裏對你說，等十元時就脫手。

每回我快守不住立場，受這條迷信之言所惑時，我總提醒自己，除非我對該公司有足夠的信心，願意再買一些，否則我應該立刻脫手。

我怎麼會擔心？保守股不太會波動的

有兩世代的保守投資人一直都相信，公用事業股絕不會有錯，你大可把這些完全不必擔心的股票放進保險櫃，只管收股息即可。忽然間，核能問題和定價問題發生了，愛迪生電力公司之類的公司損失了八成的面值，而後來也彷彿一夜之間似的，該公司把損失的全贏了回來，而且比過去更值錢。

核能電廠遇上經濟和法令方面的麻煩，使得所謂的保險公用事業股，變得和存放款業或電腦股一樣搖擺不定。有些電力公司可以是十壘安打，也有些能讓你賠十倍，你可能大贏或大輸，全看你選擇公用事業股時有多小心，或者運氣如何。

無法體會這種新狀況的投資人，勢必會在財務上和心理上受到嚴重的懲罰，他們以為絕對穩當的印第安納公共服務公司、灣區公用事業公司，或者新漢普夏公共服務公司等等投資，結果證明就和投資名不見經傳的新興生物基因公司一樣危險——或者其實更危險，因為他們對危險毫無警覺性。

公司是動態的，而繁榮也有變動的時候，天底下沒有一種股票，是可以買了就放著不管的。

再等也不會有好事發生

這是另一件必然發生的事：如果你因為不耐久等而放棄某種股票，那麼自你放棄那一天起，奇蹟便開始出現，我稱之為遲來的繁華。

莫克公司測試過每個投資人的耐性（附圖見附錄十九），該股票在一九七二年到八一年間都原地踏步，雖然盈餘部分的平均年成長率倒有一成四。接著如何？接下來五年間，它大漲了四倍，誰知道有多少悶悶不樂的投資人，因為厭倦等待或渴望有些「行動」而賣掉它？如果他們緊盯著莫克的故事，就不會輕舉妄動了。

做形象包裝的安吉利卡公司在一九七四到七九年間幾乎一毛錢也沒有增多，美國問候公司八年沒有動靜，GAF公司十一年，布倫斯維克(Brunswick)整個七○年代都靜悄悄，史密克林在半個六○年代和半個七○年代都不動，哈寇(Harcourt Brace)歷經尼克森、卡特和雷根的第一個任期都原地踏步，路肯斯整整十四年毫無進展。

我緊抓著莫克，因為我已經習慣投資股價原地不動的公司。我買的股票大多在第三或第四年就讓我賺到錢，莫克卻讓我等得久一些。如果這家公司一切沒有問題，而一開始吸引我的因素並未改變，那麼我相信我的耐性早晚會得到回報的。歷經數年仍原地踏步，我稱之為「岩石EKG」，這其實是個好預兆，每回我看到我喜歡的股票在統計圖上出現一片平坦的畫面，便視之為強烈暗示，接下來就要大步向上走了。

你需要無比的耐心，才能緊握讓你興奮、而別人視而不見的股票，你會開始懷疑自己是錯的，別人才是對的。然而基本面都好的時候，耐性往往值回票價——路肯斯在第十五年裏漲了六倍，美國問候公司六年內漲了六倍，安吉利卡四年漲七倍，布倫維克五年漲六倍，史密克林兩年內成了三壘安打。

看我損失了多少：我居然沒買！

如果我們在頂蓋、瓶塞和封口公司一股五毛時就用盡所有錢買下來，今天我們都會富裕得多！但你現在想到這點，請掏出錢包並翻開存摺，你會看到錢還在裏頭，一點也沒有減少，你想到自己沒有從頂蓋公司賺到錢這段時間裏，你並沒有變得比較窮。

這話聽起來有點荒謬，但我知道有些投資人就會自虐，天天想著「紐約證券交易中心的十壘安打大贏家」，並算計自己因為沒有投資那些股票而失去賺多少錢的機會。同樣的事情也發生在買棒球卡片、珠寶、家具和房屋上。

把別人的收獲看成自己的損失，實在不是股市投資的正面態度，事實上，這只會讓你發瘋。你知道的股票愈多，就知道自己錯失的機會也愈多，不久你就可以責怪自己損失了數十億甚至上百億元。如果你完全脫離股市，然後看到股市在一天之內漲了一百點，你醒來時大概會自言自語道：「我賠了一千一百億美元。」

這種念頭最糟的是會讓人買自己不該買的股票，為的是防止自己有更多的「損失」。這往往真的導致更多的損失。

錯過前一個，我會抓住下一個

問題是，下一個往往不太行，我們前面已經說過了。如果你錯過玩具反斗城這家還在成長的好公司，結果趕緊買了格里曼兄弟公司，眼看它一路下跌，那麼你就有雙料的損失。事實上你原本犯的錯誤沒花一毛錢（記住，沒買玩具反斗城你沒有損失任何東西），結果你卻花一大把錢去犯另一個錯誤。

如果你沒有在低價時買進家庭倉庫的股票，然後買了史考廸(Scotty)這家所謂的「家庭倉庫第二」，那麼你可能犯了第二個錯誤，因為家庭倉庫上市後漲了二十倍，史考廸則只漲兩成五到三成，比當時股市的平均表現差得多。

同樣的，如果你錯過皮得蒙，而買了大衆快遞，或者錯過廉價俱樂部，買了倉庫俱樂部，也會發生上述狀況。大部分的情況下，以高價買原來的公司都比低價買「某某第二」要合算。

股價上漲，所以我一定是對的……或股價下跌，所以我一定是錯的

如果我只挑出一則最荒謬的投資怪談，我想一定是：股價上漲表示你做了一個好投資。人們看到五元買進的股票漲到六元，心裏往往覺得很舒服，彷彿已證實了他們的投資智慧。當然，你如果立刻賣出，可以小賺一筆，但多數人不會在這麼美好的時刻賣出去，相反的，他們會告訴自己，價格看漲顯示投資正確，因此他們緊握股票，直到股價下跌到讓他們相信這項投資並無價值。他們往往在股票從十元漲到十二元時緊握著股票不放，等到跌成八元才放手，還告訴自己說，他們「抓住贏家，放棄輸家。」

這種事想必發生在一九八一年，一家叫札巴達(Zapata)的石油股正處於能源大盛時期的高點，看來比投資艾西爾公司(Ethyl Corp.)這家所謂的「被輾過的狗」要有意思得多，當時環保署正封殺了艾西爾的主要產品——含鉛汽油。然而「較

好的」股票從三十五元跌成兩元，而艾西爾的化學品部門卻有了精彩發展，它在海外的表現極好，而它的保險業更是持續快速成長。艾西爾的股票從兩元漲成二十二元。

因此當人們說，「看，兩個月漲兩成，我真的找到贏家了。」或者「可怕，兩個月跌兩成，這可真是輸家。」這些人顯然把股價和公司繁榮混為一談了。如非他們是短期交易者，只想找二〇%的贏家，否則短期致勝實在沒什麼。

你買的股票上漲或下跌，不過是在告訴你，有人想以較高——或較低——的價錢買同一件產品，如此而已。

第十九章　選擇權、期貨和融券

投資花招已經非常大衆化，一般常聽到的「買一股美國股票」，現在可以改成「買個美國選擇權」。「投資美國的未來」現在意為「到紐約期貨交易中心做個投資」。

我的整個投資生涯中完全沒有買過一次期貨或選擇權，現在也不想買。在一般股票上賺錢而不想被這些邊緣賭注干擾，已經不是一件簡單的事，有人告訴我，除非你是專業生意人，否則幾乎不可能在這些投資獲利。

這倒不是說期貨對商品生意沒有用處，農人能先鎖定農穫時的麥子或玉米的價錢，並且知道穀物運到時，可以賣出多少分量；買麥子或玉米的商家也可以得到同樣的保證。但是股票並非商品，在股票市場上，生產者與消費者之間並沒有保證價格的必要。

選擇權和期貨的兩大交易都會，紐約和芝加哥所傳出的相關報導都顯示，八成到九成五的業餘玩家都賠了錢，這比玩賽馬或上賭場的勝算還要低，然而大家仍相信這些是「不同的投資選擇」，如果這是理性的投資，那麼鐵達尼就是一艘安全的船艦。

強調選擇權和期貨多麼行得通，可說毫無道理，因為㈠這需要冗長而無味的解釋，你聽完還是會一頭霧水；㈡多了解一點，你可能會想買一點；㈢我自己對選擇權和期貨毫無所知。

事實上，我對選擇權的確略知一、二，我知道選擇權承諾的高獲利對那些等不及慢慢賺錢的小投資人而言極具吸引力，然而結果往往是讓投資人窮得更快，這是因為選擇權是一種效期只有一、兩個月的合約，而和股票不同的是，選擇權一到期就一文不值——過期之後，玩選擇權的人便須再買另一個選擇權，然後再血本無歸的賠上一回。一連串玩下來，你就身陷困境了。

再想想這個情況：當你確信好事公司就要有好事發生了，這項好消息會讓它的股票上漲。也許你找到某種新頭痛藥、治療癌症的新藥物、獲利大翻騰，或者其他正面的訊息，你找到一家完美的公司，這是前所未有的好運。

你檢查了你的財產，銀行帳戶裏只有三千美元，其他的錢都投資到共同基金去了，家裏懂投資那個人不會讓你碰。你搜索整幢屋子，想找些寶貝出去變賣，但你的貂皮大衣蛀穿了，銀器可能還值錢，但週末有餐會，你的另一半一定會發現有異。也許你可以把貓賣掉，可惜它血統不純正。木船漏水，高爾夫球具生銹，球袋也壞了，沒有人會買。

因此你只有三千美元可以投資好事公司，只能買到十五股二十元的股票。你正打算死心，忽然想起你聽過的選擇權槓桿原理的神妙之處，你向證券經紀人打聽，他保證道，以二十元買好事公司四月的選擇權，現在以一塊錢出售，到時候股票若漲成三十五元，這一塊就值十五元，三千元的投資就會讓你得到四萬五千元。

因此你買了選擇權，天天攤開報紙，焦慮的等著股票上漲的日子，到了三月中，股價仍文風不動，而你花三千元買的選擇權已喪失一半的價值，你想賣掉選擇權，換點本錢回來，但沒有採取行動，因為到期之前還有一個月的時間。一個月過去了，你的錢真的完全報銷了。

幾個星期之後，你已經沒有選擇權了，好事公司的股票卻開始動起來，你除了受到傷害之外，還有受辱的感覺。你不僅賠掉所有的錢，還是在判斷正確的時候賠掉，這才是最大的悲劇。你做了功課，結果不但沒有得到獎賞，還被三振出局，這真是浪費時間、金錢和才智。

選擇權還有一件讓人不愉快的事，很貴。選擇權看起來似乎不貴，但你一了解你得買四、五組選擇權才能涵蓋一年的股票，就知道有多貴了。你等於是在買時間，你買的時間愈多，付的費用就愈高，每買一筆選擇權，證券經紀人就能拿一筆佣金，選擇權是經紀人的賺錢工具，他手上只要有幾個活躍的選擇權客戶，收入就很可觀。

最糟的是，買選擇權和擁有一家公司的股份完全是兩回事，公司成長繁榮，所有的持股人都受惠，但選擇權卻是個零和遊戲，市場上每贏一塊錢，就有人賠一塊錢，而通常只有一小撮人是贏家。

你買了一股股票，即使是危機甚大的一股，對整個國家的經濟成長都做了某種貢獻，這是股票的功能。過去幾代人雖然認為買小公司的股票是危險的事，但至少這些冒風險的人都投資了資金，讓麥當勞、IBM和渥瑪超市等得以跨出第一步。而在數十億元翻滾的選擇權和期貨市場上，錢完全沒有用在建設性的用途上，這些錢沒有用來資助任何企業，不過是肥了經紀人，充當他們的汽車、飛機和購置房屋的款項罷了。我們見到的，不過是不夠機警的人，讓錢轉到機警的人手上罷了。

近來很多人談到如何用選擇權和期貨充當投資組合的保險，保護我們的股票投資。許多同業和往常一樣，開始帶頭走上這條下坡路，大機構投資法人買了幾十億的投資組合避險，以便在遇到崩盤時有所彌補。結果是，上一次股市崩盤時，他們以為他們有保障，但投資組合避險卻反過來對付他們。有些避險計畫在他們買更多期貨時，同時要求他們必須賣掉一些股票，而大批股票出售行動使得股市走得更低，造成了更大宗的買進期貨、賣出股票的行動。十月大崩盤原因很多，投資組合避險是元凶之一，然而許多大機構投資法人執迷不悟，還在買這種避險工具。

有些個人投資者也接受了這個餿點子，（模仿專家哪一次有好下場？）他們買了「放空」選擇權（在股市下跌時增值），用來充當跌市的自我保護利器。然而「放空」選擇權一樣是逾期失效的，想繼續受保護，就必須繼續買進。你可能會一年浪費百分之五到十的投資總額，才能保護自己不受百分之五到十的跌勢的影響。

酗酒的人往往會因為喝了啤酒而逐步回到琴酒瓶裏去，股票投資人用選擇權當投資避險，往往變得無法自拔，不久他就會為選擇權而買選擇權，再從那裏走向對沖、跨期買賣等等，完全忘記最初引發他興趣的是股票。他不再研究公司，而將所有的時間都用來談市場動態文摘，擔心頭肩式走勢或拉鋸走勢等等。更糟的是，他的錢賠光了。

華倫．巴菲特認為股票期貨和選擇權應該算違法投機活動，我同意。

融券交易

你想必聽過這種古已有之的奇怪交易，保證讓你在股票下跌時獲利。（有些人對這種方法感興趣，因為他們看看自己的投資組合，發現他們這些年來如果從事的是融券而非融資，他們早就致富了。）

融券投資好比向鄰居借東西（你並不知道他們叫什麼），然後把東西賣了，錢自己收下。遲早你得出去買同樣的東西回來還給鄰居，這不算偷，但也絕對算不上睦鄰，這比較像以不法的意圖借東西。

以融券投資的人希望能以高價賣出借來的東西，再以低價買同樣的東西回來歸還，賺取中間的差額。我想你大可這麼對付除草機和水管，但用股票可能更便利些——尤其是看漲的股票。比方說，你認為拍立得一股一百四十元太貴，你可以用融券的方式買一千股，立刻在你的帳戶上掛上十四萬元的帳目，然後等到股價跌到十四元，你立刻進場，買回同樣的一千股，只花一萬四千元，口袋裏於是多了十二萬六千元。

你借股份的對象原來並不知道有什麼差別，這些轉手過程只出現在紙上，全由證券經紀人經手。融券就和融資一樣容易。

在我們興奮過頭之前，先弄清楚一點，融券是有某些嚴重的缺點，在你借股份之際，所有的股息和紅利都仍歸原股份所有人所有，這些錢你是碰不到的。其次，你必須要在還掉股份並結束這種轉移程序之後，才能花用你在融券買賣期間得到的利潤。以拍立得為例，你不能拿了十四萬元就跑到法國度長假，你必須在經紀人那兒存放足夠的金額，用來涵蓋這種融券處理的股票的價值。拍立得的股價一跌，你便可以拿回一部分錢，但拍立得如果上漲呢？那麼你就得拿出另一筆錢來保住你的投資。

融券可怕之處在於，即使你相信某個公司情況極糟，其他投資人或許並不這麼想，因此股價還是可能走高。拍立得已經走到離譜的高峰，如果它再漲一倍，甚至變成三百元一股又如何？如果你還做融券投資，那麼你必然很緊張。花三十萬元去取代一項你借來的值十四萬元的東西，必定讓你備感困擾。如果你沒有額外的金錢可以拿出來墊，你可能會被迫斷頭，結果自然飽受損失。

當一種正常的股票下跌時，我們誰都無法不驚慌，但這種驚慌有一定限度，因為我們知道正常的股票不會跌成鴨蛋。如果你買的融券股票往上漲，你會開始了解，沒有任何力量能阻止它無限上升，股價是沒有上限的。融券股票似乎是最常朝無止盡的上空走的。

成功融券投資的傳奇故事很多，但更多的是恐怖故事：融券投資人無助地看著爛股票不斷上漲，完全不合邏輯，全無理性可言，結果迫使他們住進貧民窟。有一個這類倒楣鬼，名叫羅勃特・威爾森，他是個聰明人，一個好投資人，大約在十幾年前，他以融券方式投資了國際休閒公司。他終究是對的——大部分的融券投資人多半在後來都證明是對的——不是有人說過，最後我們「終究難逃一死」嗎？然而當時該公司的股票從七毛暴漲到七十元，一百壘安打，足足讓威爾森先生賠了兩、三億元。

這個故事值得牢記，如果你打算做融券買賣的話。在融券買進一種股票之前，你必須有辦法確知該公司就要完蛋，你必須有耐心、勇氣和資源，面對不跌的股價——或者更糟，不跌反漲。應該跌的股票有時就像卡通裡的人物，走到懸崖盡頭還能在稀薄的空氣中繼續走，只要他們不知道自己的處境，就有辦法永遠留在高處。

第二十章　五萬個法國人都錯了

回想我的股票投資生涯中，有幾次重大新聞事件和股價所受的影響，一直讓我記憶猶新，一九六〇年甘迺迪總統贏得大選是第一件。即使年方十六，我就已聽說民主黨總統對股票一向都有不良的影響，因此我很訝異大選隔日，一九六〇年十一月九日，股市竟微幅上揚。

古巴飛彈危機期間，美國海軍封鎖了蘇俄船艦——這是美國僅有的一次面臨核戰爆發的危機——我為我自己、我的家庭和我的國家擔憂，然而股市當天只跌了三%。七個月之後，甘迺迪總統譴責美國鋼鐵公司，並迫使鋼鐵業降低售價，當時我毫無所懼，但股市出現了歷史上最大的降幅之一——七%。我深感不解的是，華爾街對可能發生的核子大災難，倒不像對總統插手商業活動那麼害怕。

一九六三年十一月二十二日，我正要到波士頓學院參加考試，發現甘迺迪總統被刺的消息在校園裡喧騰著，我和同學一起到聖瑪莉教堂去禱告，第二天，報上的股市行情只下挫了三%，雖然官方正式宣布總統被暗殺的消息後，股市交易便暫停了。三天之後，股市回復到二十二日之前的水準，然後再小漲。

一九六八年四月，詹森總統宣布他不競選連任，同時他將阻止東南亞地區戰火的蔓延，希望進行和平談判，當時股市漲了二．五%。

七〇年代，我完全投入股市，在富達的工作上盡心盡力，那段時期的大新聞以及股市的相對反應如下：尼克森總統實施價格管制（股市漲三%）；尼克森總統下台（股市跌一%）（尼克森有一次說，如果他不是總統，就會買股票；一個華爾街的笑話高手說，如果尼克森不當總統，他也要買股票）；福特總統控制通貨膨脹率（股市漲四．六%）；IBM打贏反托拉斯案件（上揚三．三%），贖罪日之戰爆發（市場微幅上揚）。七〇年代是一九三〇年以來，股市表現最差的一個年代，不過上述各日的當日大幅變動都是向上走的。

影響最久遠的OPEC石油禁運自一九七三年十月十九日開始（另一個幸運十九！），讓股市在三個月內跌了十六%，一年內跌了三九%。有趣的是，股市對石油禁運並沒有作何反應，事實上，股市還在當天漲了四%，接下來的五次禁運期間還另外漲了十四%，然後才開始暴跌。這顯示了股市和個別股票一樣，在短期內確實能朝相反於基本面的方向走，所謂基本面，在石油禁運的例子中，指的是石油價格上揚、延長的瓦斯管線、巨幅通貨膨脹，以及超高利率等。

八〇年代的漲跌不按牌理的情況，比其他世代的總和都要來得多，總括看來，這些起伏大多沒有意義，我會指出一九八七年十月的五〇八點重挫對長期投資人的重要性，但這個事件距離一九八五年九月二十二日的經濟部長會議十分遙遠。在那次七國高峰會議上，主要工業國同意協調經濟政策，並讓美元貶值。該項決定宣布後，股市接下去半年漲了三八%，有些公司受美元貶值之惠，股票在接下兩年間漲了兩、三倍。一九八七年十月十九日，贖罪日戰爭和七國高峰會議同時進行時我人在歐洲，不過當時我都在外面造訪公司，而非在高球場上輸球。

我心裡充滿趨勢和逐漸轉變的念頭，六〇年代中期到末期那段重整期間，使得許多大公司經營狀況惡化、分裂，花上十五年的時間才逐漸復原，有許多永遠沒有再起，有些則成了起死回生股。

七〇年代的股市熱愛高品質的績優股，這類股票被視為「一次定局」股，你可以買下來，永遠擁有。短暫的高價位、高評價穩定投資期之後，緊接著是一九七三到七四年間的股市重挫（道瓊指數七三年高達一，〇五〇點，到了一九七四年十二月便重重跌回五七八點），績優股跌了五成到九成。

一九八二年中期到八三年中對小型科技公司的流行熱愛，導致另一次大崩潰（跌了六成到九成八），證明人們熱愛的東西還是可能出錯。小或許美麗，但不見得有利可圖。

日本市場自一九六六年到八八年大興，那期間，道瓊指數漲了一倍，日本同樣的指數卻漲了七倍，整個日本股市總市值在一九八七年四月便已超過美國股市，此後距離逐漸拉大。日本人對股票有一套自己的看法，我至今仍無法理解，每回我到日本實地考察，結論總是所有股票的價格都過度高估，但還在繼續上漲。

如今股市交易的方式，由於交易時間拉長，你實在很難不去看行情電腦，把注意力放到基本面上。一九五二年以前，整整八十年的時間，紐約股市都在上午十點開市，下午三點結束，讓報紙有時間在晚報上刊登當日股市行情，便於人們下班後在交通車上查閱股票行情。一九五二年，週六交易取消，但每日收盤時間改成三點半；一九八五年，開盤時間提早為九點半，現在收盤時間是下午四點。我個人比較喜歡較短的交易時段，這讓我們有較多的時間做公司分析，甚至去參觀博物館，這兩件事都比盯著股價起起落落要有意義。

機構投資法人的重要性自六〇年代開始提升，到八〇年代已成了股市主宰。大證券商的法律地位已經從原來人人都可加入的合夥關係，變成個人參與力相當有限的企業公司。理論上這種改變是為了加強證券公司的經營能力，因為企業公司有權以公開發行股票的方式增資，然而我卻感覺到這項措施的負面作用。

店頭市場交易的興起，使得過去純粹以「粉紅單子」交易已公開發行的上櫃股票，得以透過電腦撮合系統，以合理的市價有效率的成交。

全美國都緊盯著剛出爐的金融消息，這是二十年前的電視上絕少提及的東西。「華爾街一週」（Wall Street Week）這個由路易斯．路凱瑟（Louis Rukeyser）主持的節目自一九七〇年十一月廿日開播以來便異常成功，證明了金融新聞可以大受歡迎，這個節目刺激了其他電視台，大家開始擴充新聞報導中原有的金融新聞篇幅，這股熱潮催生了「金融新聞電視網」，股市行情數據開始以帶狀出現在螢光幕下方，進入數百萬個美國家庭中。業餘投資人現在可以整天查看他們的股票行情，業餘人士與專業行家的資訊取得速度相去只有十五分鐘。

無數享有稅負優惠的行業由盛而衰：包括農地、油井、儲油、船艦、低租金住屋計畫、墓園、電影業、購物中心、運動組織、電腦出租業，以及所有可以購買、融資或出租的東西。

合併及收購集團及其他專買各種企業的集團出現，他們花費了兩百億元的收購費，美國國內的收購集團（Kohlberg、Kravis & Roberts；Kelso；Coniston Partners；Odyssey Partners；Wesray等）、歐洲公司及收購集團（Hanson Trust、Imperial Chemical、Electrolux、Unilever、Nestle等），以及銀行存款豐厚的個別企業搜索者（David Murdock、Donald Trump、Sam Hyman、Paul Bilzerian、the Bass brothers、the Reichmanns、the Hafes、Rupert Murdoch、Boone Pickens、Carl Icahn、Asher Edelman等），不論大小，所有公司都在找目標抓緊。

槓桿收購（LBO）大行其道，這種方式讓整個公司或部門「私有化」——由外人或現有管理階層用銀行貸款或發行垃圾債券的方式購得。

垃圾債券的流行乃由德瑞克斯・蘭伯特（Drexel Burnham Lambert）率先開創，而後到處被援用。

選擇權及期貨合約的出現，尤其配合股票指數來進行，讓「計畫交易者」都得以在股市買賣大量的股票，並在所謂的未來股市上扮演相反的角色，用大量金錢賺小小的增值利潤。

在這一片喧嘩聲中，一家名叫克瑞斯吉（SS Kresge）的小雜貨公司創立了K瑪特公司，在十年前，其股票漲了四十倍，馬斯可公司發展出單手操作的水龍頭，股價漲了一千倍，成為四十年來最厲害的一種股票——誰能猜到這原是一家賣水龍頭的公司？成功的快速成長股變成十疊安打，一些謠傳的股票破產了，投資人收到從ATT電話公司分出來的小電話公司的股份，四年內他們的錢就加倍了。

如果你問我，股票市場最重要的發展是什麼，ATT的分裂幾近榜首（影響遠及兩百九十六萬名持股人），十月震盪則不在前三名之內。

有些事是我最近不斷聽說的：

我聽說小投資人在此險惡的環境中根本沒有生機，因此應該出局。「你會在地震時蓋房子嗎？」這是一位謹慎的投資顧問的問話。但是地震並沒有發生在你的房子下面，而是發生在房地產業的辦公室下面。

小投資人有能力掌握各種市場，只要其握有的商品夠好即可。如果有人說覺得遺憾，應該是那些矛盾的投資人，畢竟，只有買到失敗股的人，在股市大調整時才會賠錢，他們都不是長期投資人，而是邊緣玩家，是風險套利者，是選擇權玩票者，而那些全賴電腦訊號決定買賣時機的投資經理人也都是輸家。那些脫手股票人就像貓咪照鏡子一般，嚇到自己了。

我聽說專業管理的年代已經為股市帶來新的智慧和謹慎，有五萬名股票挑選人一起演出這場秀，而就像五萬名法國人一樣，他們絕不可能會出錯。

我站在自己現有的立場上，可以說這五萬名專業選股經理人通常都是對的，但他們只在典型的股票變化最後的兩成中做出正確判斷。華爾街只對那最後的兩成做研究，然後大肆喧騰，再排隊搶購——做這些事情時，他們總有一隻銳利的眼緊盯著出口。他們的策略是快撈一筆，然後快快奪門而逃。

小投資人無須與這羣匪徒作戰，他們大可靜靜地走進大羣人湧向出口的股票，等大家搶著要進來時，則從容離去。以下列出一張名單，都是八七年中大投資公司的最愛，卻都在十個月之後大幅削價求售，不顧其高獲利、看好的前景，以及不錯的現金收益。公司沒有變，但投資公司卻已失去興趣。這些好公司是：自動數據處理公司、可口可樂、當肯甜甜圈、奇異電器、純正汽車零件(Genuine Parts)、菲利浦・莫理斯、普萊美利加(Primerica)、萊特艾德(Rite Aid)、施貴寶和廢棄物處理公司等。

我聽說每日交易兩億股比只交易一億股要好得多，流動性的市場極具優勢。如果你在這個流動市場中溺斃，那就另當別論了——其實我們全部都受害。去年在紐約證交所列名的股票，八七%都至少易主一次，六〇年代早期，每日六、七百萬股的交易量是正常的，股票週轉率約為每年一成二。七〇年代中，每日五、六千萬股交易量很正常，八〇年代則變成了一億到一億兩千萬股。現在每天若沒有一億五千萬股的交易量，人們就會感到不安。我知道這個結果我也有責任，因為我天天都在買賣股票，但我最大的贏家始終是我守住三、四年的股票。

快速的整批轉手式交易，乃由廣受歡迎的指數型基金所帶動，這類基金完全不管上市公司的特色，即行做數十億股的買賣，另有所謂的「轉換基金」，能讓投資人隨時抽離市場，取回現金，或者投入現金買得股票，這類進出完全無須等待，也沒有罰則。

不久我們大概會有百分之百的股市年週轉率，今天星期二，我非有通用汽車股不可！這些可憐的上市公司要如何確知年報該往那裏送？有一本新書叫「華爾街怎麼了？」（What's Wrong with Wall Street?），其中指出，我們每年花兩百五十億到三百億元來處理各種股票交換、佣金，以及買賣股票、選擇權和期貨合約的費用，這表示我們花在來回轉換舊有股票上的費用，和我們買新股票的費用是一樣多的。畢竟，為新股票投注金錢才是我們擁有股票的理由，交易一結束，每年十二月時，我們會發現，五萬名專業選股經理人的投資組合所得的成績，實在與一月時所見的不相上下。

染上這種交易惡習的投資大戶者很快便成為短期鼓動市場的渾蛋，過去他們一度頗受股票經紀人的歡迎，有人稱這種股市為「租下一個股票市場」，現在是業餘玩家謹慎小心，專業人士則反覆無常，散戶成了股市的安定力量。

信託部門林立，華爾街的興起和波士頓金融區的發展，都是你的好機會，你可以坐等不再熱門的股票跌到谷底再購買。

我聽說十月十九日的股市重挫發生在星期一，不過是星期一的眾多股市動盪紀錄之一，研究人員花整個職業生涯研究週一效應的不乏其人，他們甚至在我念商學院時，便已大談週一效應的種種。

看到這點，我發現有件事似乎與此相關：自一九五三年到八四年，股市共攀升了九一九・六點，但在星期一便跌落一，五六五點。一九七三年，股市共漲了一六九點，但該年的星期一共跌了一四九點；一九七四年共跌了二三五點，週一即跌了一四九點；一九八四年漲一四九點，週一共跌四十七點；一九八七年跌四八三點，週一倒漲了四十二點。

如果有所謂的週一效應，我想我知道從何而來。投資人在週末的兩天裏無法與經紀人交談，平常最普遍的基本消息來源被關閉了，人們有了六十個小時可以擔心日幣升值、尼羅河水災、巴西咖啡農場的損傷、殺人蜂的進化，以及其他週末報紙上報導的恐怖事件和各種災難。週末也讓人們有時間讀經濟學家在評論版上所寫的有關經濟長期發展的預測文章。

除非你刻意晚起，並且不去看商業新聞，否則到處充斥的恐懼和遲疑便會在週末累積起來，到了週一上午，你早已準備好要出售你的股票了。在我看來，這是週一效應的肇因。(週一下午以後，你有機會打電話給一、兩家公司，發現他們並沒有關門大吉，這就是為什麼股市總是在週二以後回升。)

我聽說一九八七到八八年的股市是一九二九到三〇年股市的再現，而我們也快要走進經濟大蕭條時期了。到目前為止，一九八七到八八年的股市的確頗像二九到三〇年股市，但又如何?如果我們會遇到另一次大蕭條，絕不會是因為股市崩潰，就像當年的大蕭條，也不是因為股市崩潰造成的。二、三〇年代只有百分之一的美國人擁有股票。

早年的大蕭條是因為一個國家有六六%的勞動力在工廠，二二%為農業人口，然而沒有社會福利、失業救濟金、養老計畫、醫療給付、學生貸款或政府保障的銀行存款，而經濟發展卻慢了下來。今天，全美的勞動力只有二七%在工廠，農業人口更不到三%，而在三〇年代只有十二%的人從事的服務業，後來卻呈穩定成長，如今已占七成的總勞動力。和三〇年代不同，今天有絕大部分的美國人都有自己的家;很多人房屋貸款已付清或根本無須付款，並且眼看他們的房屋價值節節上漲，今天的美國家庭大多有兩份收入，這提供了六十年前所沒有的經濟安全保障。如果我們即將遇上大蕭條，災情絕不會像上一個那樣嚴重！

不論週末或平時，我都聽說美國正在瓦解，美元過去像黃金一樣有價值，現在卻和泥土一樣不值錢。我們再也不能打勝仗了，我們甚至無法在運動場上贏得金牌，我們的智力被外國人趕過去，韓國人搶走我們的工作，日本人搶走我們的汽車市場，俄國人在籃球場上痛宰我們，沙烏地的石油比我們多又好，我們在伊朗丟盡顏面等等。

我每天都聽說大公司要關門大吉了，當然的確有這種例子，但成千上萬較小的公司不是紛紛興起，並且創造了數百萬個新工作嗎?我依慣例到各公司總部拜訪，每回總是驚訝的發現，有很多公司仍然非常強健，有些的確還頗賺錢。如果我們喪失了企業心和工作的意志，那麼那些在尖峰時間匆忙奔波的人又是誰呢？

我還看到許多證據證明成千上百的公司正削減成本，提高生產效率，在我看來，有許多公司比六〇年代末要進步得多，而當時的投資人是很樂觀的。決策人士都顯得開朗樂觀，自我要求甚高，管理人員和員工都知道他們有競爭的壓力。

我每天都聽說愛滋病會毀掉我們，旱災、通貨膨脹、不景氣、預算赤字、貿易赤字、虛弱的美元等等，都會毀掉美國。或者還不如改稱強勢美元會毀掉我們。有人告訴我，房地產價格要崩潰了，上個月有人開始擔心這點，這個月他們擔心臭氧層，如果你相信一句投資界的老話，股市得爬「一座擔憂之牆」，那麼這面牆現在的體積可相當大，並且還在增長。

我發明了一整套反調，用來對抗貿易赤字會害死我們的老調。英國的貿易赤字相當高，並已持續了七十年，而英國依然繁榮，當然我們沒有理由談這個，等我想到貿易赤字時，人們早已忘掉貿易赤字，開始擔心下一次的貿易盈餘了。

華爾街的國王為什麼總是沒有穿衣服？每回他在街上鄭重其事的做盛大遊行時，我們總是非常焦慮，想著我們就要看到一個裸體國王了。

我聽說投資人應該高興他們投資的公司被企業狙擊手挑中買走，或者被管理階層私有化，這些變局有時能讓股票在一夕之間漲一倍。

狙擊手買下一個繁榮興盛的企業時，持股人其實損失不小，表面上看來似乎是持股人的好交易，但他們等於把未來的成長拱手讓人。投資人看到百事可樂以每股四十元的價錢買下塔克鐘，只會為自己的持股感到高興，但這家快速成長公司繼續快速成長，如果依其強勁的盈利看來，獨立的塔克鐘今天可以值一百五十元一股。假設有一家不景氣的公司從十元開始往上爬，有個多金的投資人願意用二十元的價錢買下來，聽起來真是棒，但日後該股票漲到一百元，卻只有那個私人企業家獨享，其他人完全沒有好處。

有很多潛力無窮的十壘安打股，都在最近的合併和收購行動中被買走了。

我聽說美國人已迅速變成一個充斥著垃圾債券兜售者，喝義大利咖啡吃牛角麵包，只會度假的懶人國家。悲哀的是，美國的確是所有已開發國家中儲蓄率最低的一個，有人因而責怪政府，因為政府大收利息和股息所得的稅負，等於在懲罰儲蓄，一方面又以利息抵稅的方式獎勵舉債。個人退休帳戶成了過去十年來最有利可圖的發明——美國人終於得到免稅儲蓄的鼓勵了——那麼政府在做什麼呢？它取消了所有這類的免稅規定，只留下中等收入者的免稅條例。

儘管有這麼多胡說八道，我對美國、美國人和投資活動依然十分樂觀，當你做股票投資時，必須對人類的天性、資本主義、國家，以及未來的繁榮等等有點基本的信心，到目前為止，還沒有任何事情足以動搖我的樂觀信心。

有人告訴我，日本開始生產宴會飾品和夏威夷雞尾酒上的紙傘飾物時，我們已經在製造汽車和電視了；現在他們製造汽車和電視，我們則生產起宴會飾品和雞尾酒上的紙傘。果真如此，美國某地想必會有一家專門生產這類飾品的快速成長公司，值得我們一探究竟。這可能成為下一個史達普零售店。

本書最後一部若有什麼可以讓你帶走的，我希望是以下這些東西：

・下個月、下一年，或三年後，股市遲早會來一次重挫。

・股市重挫是讓你多買點自己喜歡的股票最好的機會。華爾街稱股市大幅下挫為「調整」，調整能讓出色的公司出現划算的價錢。

・預測股市一年以後的方向是不可能成功的事，更別提兩年以上。

- 你不必全對，甚至不必經常對，一樣能得到過人的成績。
- 最大的贏家往往出人意表，而收購事件更常讓人跌破眼鏡，大收穫往往要耗上幾年，而非幾個月，才能達成。
- 不同類別的股票有不同的危機和獎賞。
- 你可以買幾種穩定成長兩、三成的股票，從中賺得不錯的利潤。
- 股價常與基本面反向而行，但以長遠投資來看，獲利終將反映事實。
- 一家公司表現不好，並不表示它不會變得更糟。
- 股價上漲並不表示你是對的。
- 股價下跌並不表示你是錯的。
- 大型機構投資法人商大量持有、華爾街亦嚴密注意的穩定成長股，顯然有價錢過高和行情過熱的情況，不是原地不動，就是即將跌價。
- 只因為價錢便宜，就買前景並不看好的公司，是一種失敗的策略。
- 只因為股價稍高，就賣出優秀的快速成長股，是一種失敗的策略。
- 公司成長必有理由，快速成長公司不會永遠維持其成長速度。

- 沒有買某種成功的股票，即使是個十壘安打，你還是毫無損失。
- 股票本身並不知道你是否擁有它。
- 不要對贏家自信滿滿，因而停止繼續監督其發展。
- 如果股票跌到零，那麼不管你以五十元、廿五元、五元或兩元買進，你的損失都是全部。
- 小心依據股價基本面作修正或轉換投資，以改善你的收益。股票離事實太遠時，若有更好的選擇，應該賣掉，改買別的股票。
- 你喜歡的股票出現好價錢，趁機多買一點。
- 把花拔掉，專澆野草，結果絕不會有好成績。
- 如果覺得自己打不過股市，不妨買共同基金，給自己省點時間和金錢。
- 世上有擔心不完的事。
- 打開心胸，接受新事物。
- 不必「親吻所有的女孩」，我錯過許多十壘安打，但還是能勝過股市的成績。

後記　口袋滿滿被撞見

我用一個度假的故事做為本書的開場白，因此或許也該用一個度假故事做結。一九八二年八月，凱洛琳和我及孩子們鑽進汽車，預備驅車前往馬里蘭，參加凱洛琳的妹妹瑪德琳·考希爾（Madalin Cowhill）的婚禮。我在波士頓到婚禮之間安排了八、九處停腳點，都是距離直線路徑一百里之內的公開上市公司。

凱洛琳和我不久前才簽了合約，預備買一幢新屋，八月十七日是猶豫期的最後一天，在此之前我們毀約的話，一成訂金不會被沒收。我提醒自己，這筆訂金相當於我在富達前三年的薪資總和。

買這幢房子，必須對我未來的收入有信心，而我的收入又全賴美國企業的未來而定。

最近氣氛有些低迷，利率攀升到兩位數，使許多人害怕美國不久就會變得像巴西那麼糟，另外許多人則認為我們不久就會像一九三〇年代。敏感的政府官員開始想，他們是否應該學會釣魚、打獵和採集莓子，趕在數百萬其他的失業者之前，先走進樹林野外。道瓊工業指數在七百點左右，而十年前這個指數位在九百點以上。大部分的人都認為事情會每下愈況。

如果一九八七年夏天算是樂觀的，一九八二年夏天絕對是剛好相反。我們咬咬牙，決定不取消房子的交易，我們知道康乃狄克州某處有一幢房子是我們的，比較困難部分是，我們還不知道如何付長期貸款。

先不管這些，我在康州馬里登(Meriden)停下來拜訪英席可公司(Insilco)，凱洛琳則帶著孩子在一個放錄影帶的走道上消磨了三小時。我結束會談後，便打電話回辦公室，他們告訴我，股市上揚了三八．八點，原來停留在七七六點上，這相當於在一九八八年夏天，一天上漲一二〇點。忽然間人們興奮了起來，到了八月二十日，股市再漲三〇．七點，人們更興奮了。

一夜之間一切似乎都變了，在樹林裏預約了露營場地的人紛紛趕回股市，買下手邊能觸及的任何股票。他們跌跌撞撞的跳進多頭市場，瘋狂的投資各種興旺的企業，忘了一個星期之前，這些企業根本就被放棄了。

我沒什麼事做，生意和往常一樣，我在此不凡的股市回升之前和之後都一樣做了全數投資。我一向都做全數投資，口袋滿滿時被撞見，真是一大快事。其次，我不能跑回去買更多股票，我必須去拜訪康州的優尼洛耶公司，然後到阿姆斯壯橡膠公司。第二天我必須到長島電力公司(Long Island Lighting)和海佐亭公司(Hazeltine)，隔天是費城的費城電器公司(Philadelphia Electric)和費得可公司(Fidelcor)。如果我問的問題夠多，也許可以知道一些我不知道的事。而且我也不能錯過小姨子的婚禮。如果你想在股票上有好成績，就必須按先後順序辦事。

附錄一　史密克林・貝克曼公司

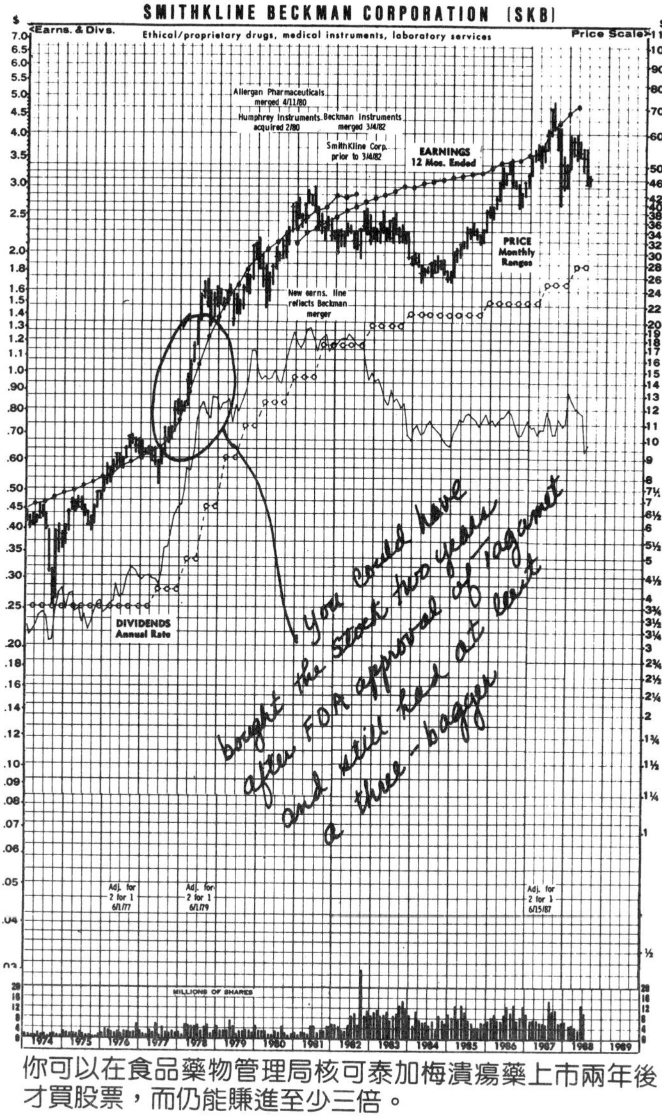

你可以在食品藥物管理局核可泰加梅潰瘍藥上市兩年後才買股票，而仍能賺進至少三倍。

附錄二　德萊弗斯公司

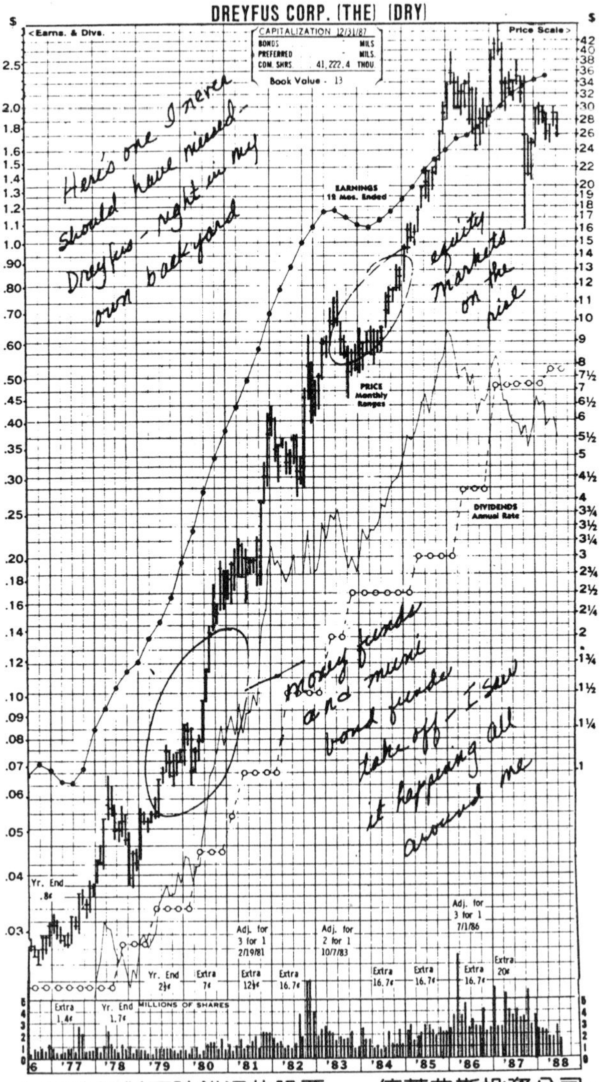

這是我絕對不該錯過的股票——德萊弗斯投資公司，它就在我自己的後院裏。

附錄三　休斯頓工業

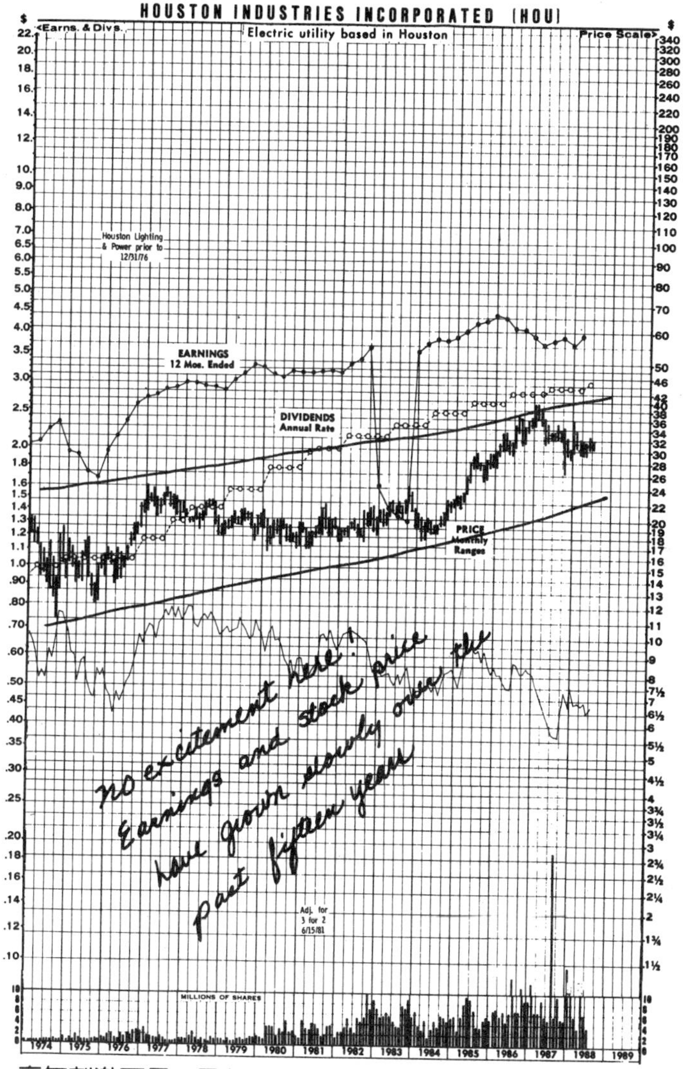

毫無刺激可言，盈餘和股價在過去 15 年間都呈緩慢成長。

附錄四

渥瑪超市

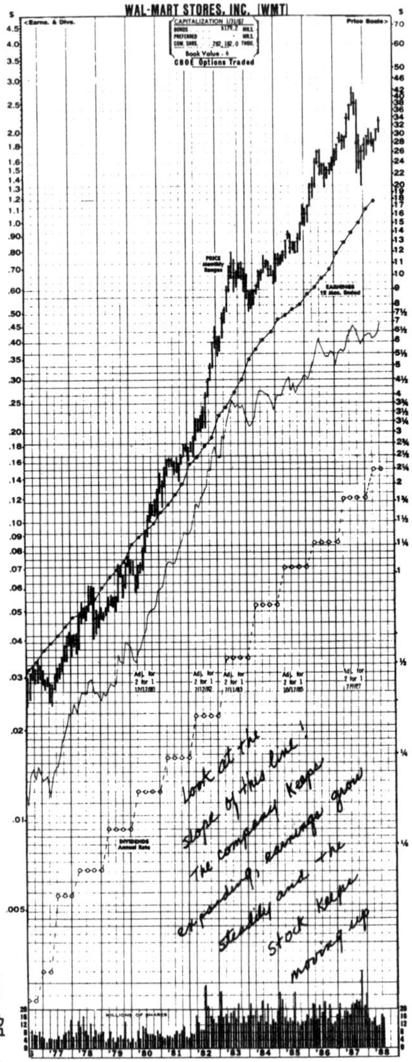

看看這些陡升的線條！這家公司不斷擴張，盈餘和股價也大幅上漲。

附錄五　寶鹼公司

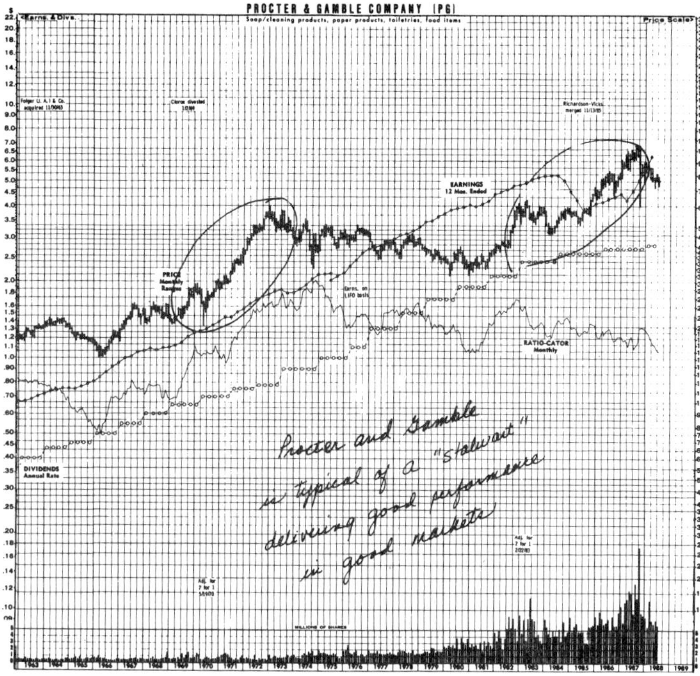

寶鹼公司是典型的穩定成長公司，在股市不錯時，表現也很穩定。

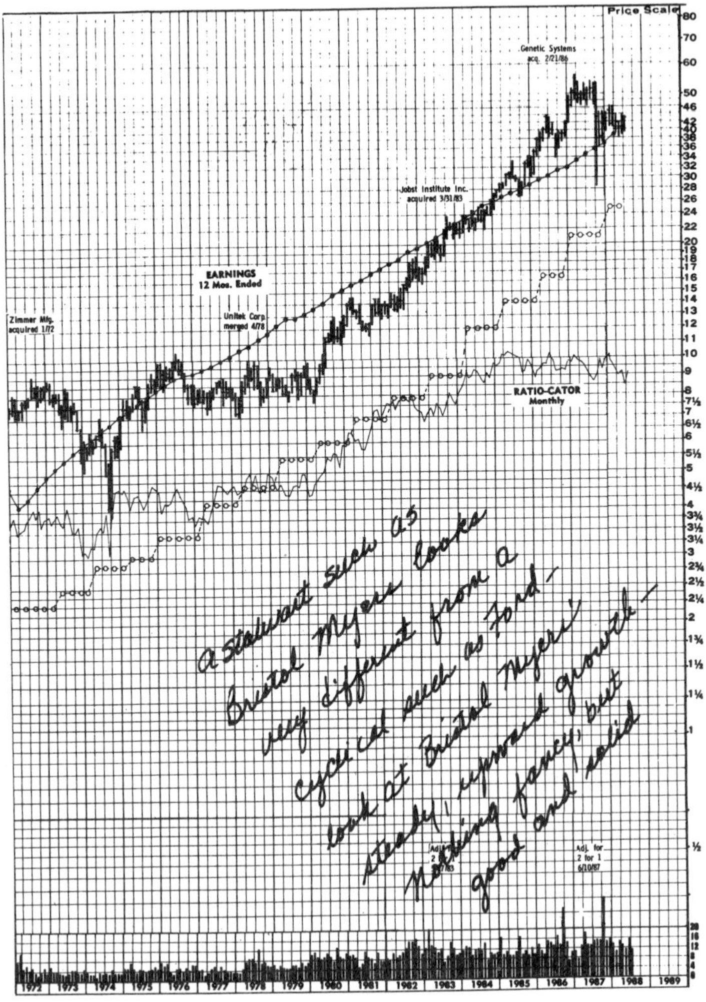
Price Scale
Genetic Systems acq. 2/21/86
Jobst Institute Inc. acquired 3/31/83
EARNINGS 12 Mos. Ended
Unitek Corp. merged 4/78
Zimmer Mfg. acquired 1/72
RATIO-CATOR Monthly
A stalwart such as Bristol Myers looks very different from a cyclical such as Ford — look at Bristol Myers' steady upward growth — Nothing fancy, but good and solid
Adj. for 2 for 1 6/10/87
1972 1973 1974 1975 1976 1977 1978 1979 1980 1981 1982 1983 1984 1985 1986 1987 1988 1989

附錄六　必治妥公司

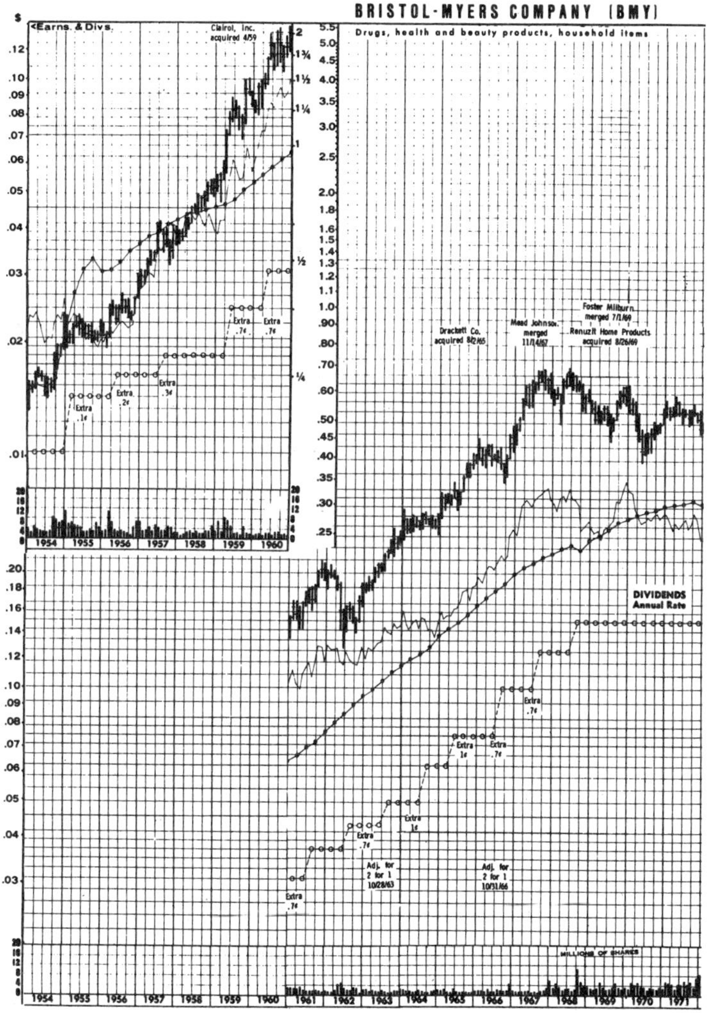

這種穩定成長公司看起來和福特之類的循環股公司非常不同，必治妥穩定地向上成長，沒有花俏之處，就是穩當可靠而已。

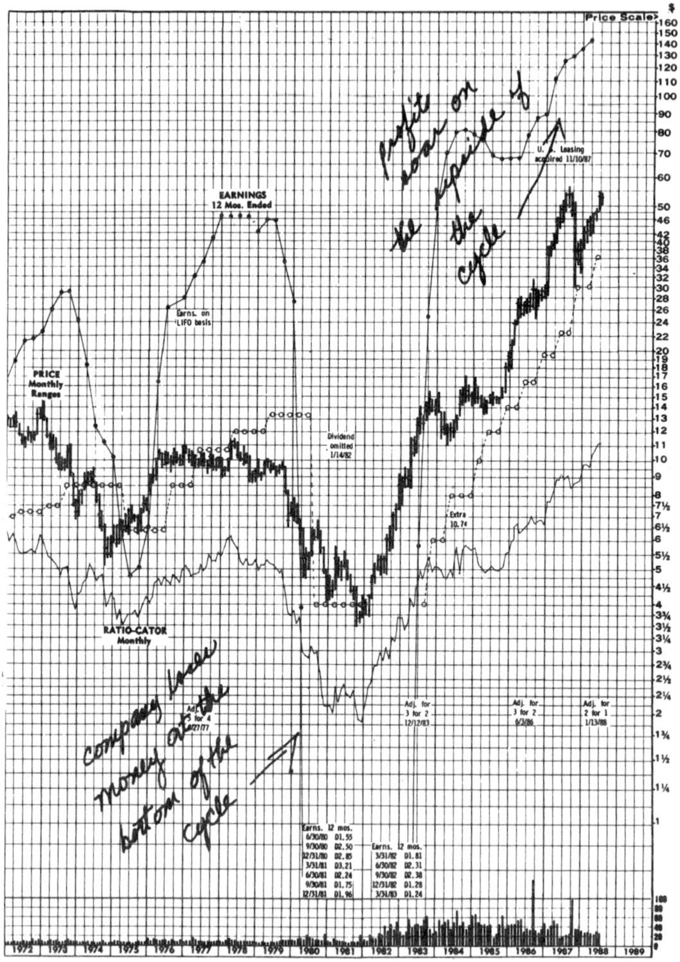

循環股往谷峰爬時，利潤便節節上升。
循環股到了谷底，公司賠錢了。

附錄七 福特汽車公司

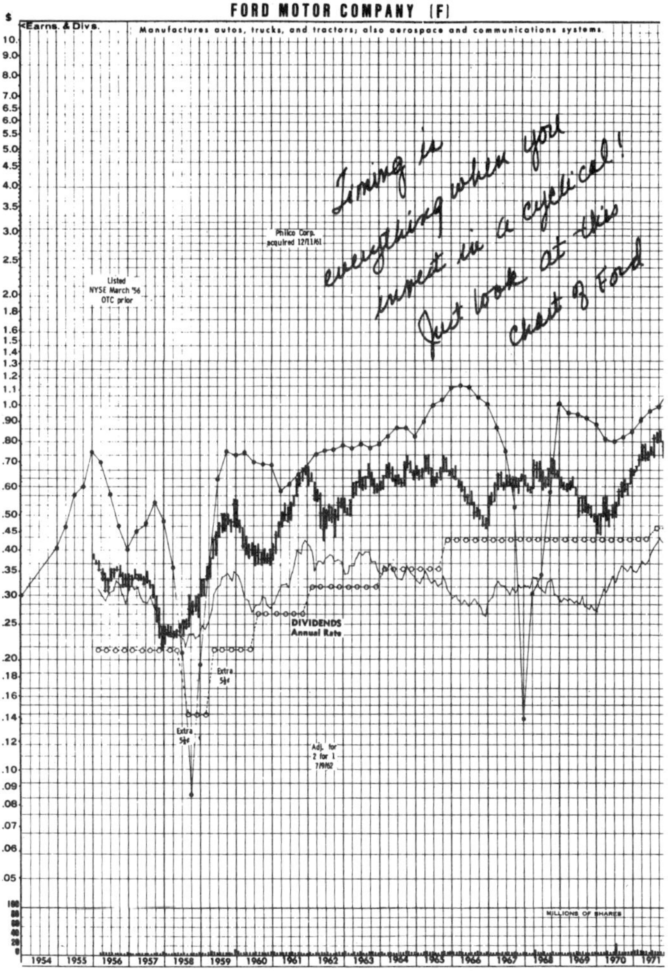

投資循環股時，時機是最重要的，看看福特的統計圖就知道了。

附錄八　內維斯塔公司

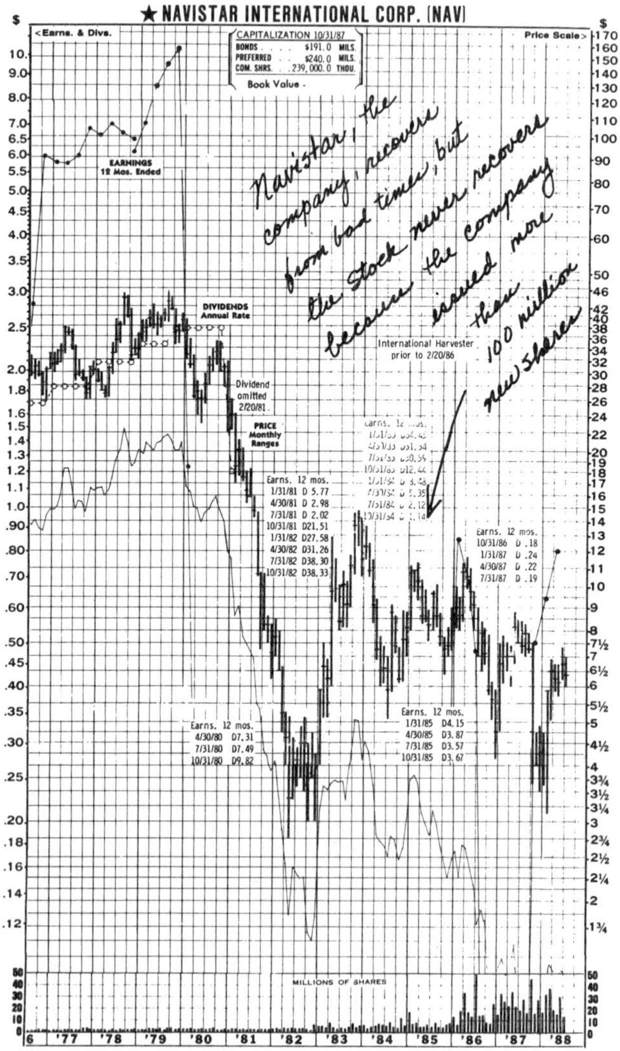

內維斯塔從壞時機中復甦，但它的股票始終沒有起色，因為該公司發行了一億股新股票。

附錄九　克萊斯勒公司

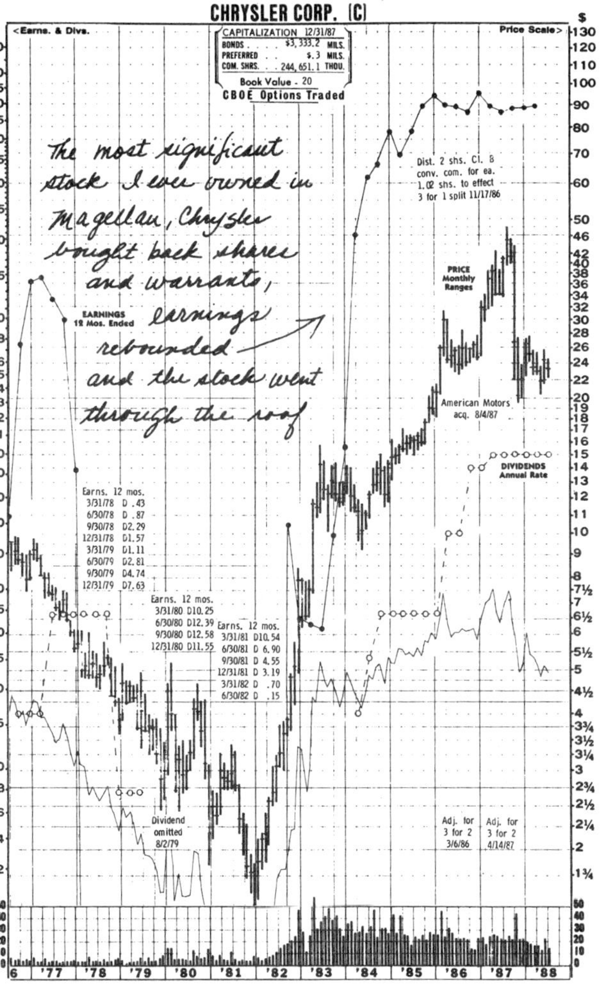

這是我在麥哲倫基金最重要的一種股票，克萊斯勒不斷買回股份和認股權，盈餘回升，股票更是一飛沖天。

附錄十 家庭購物網

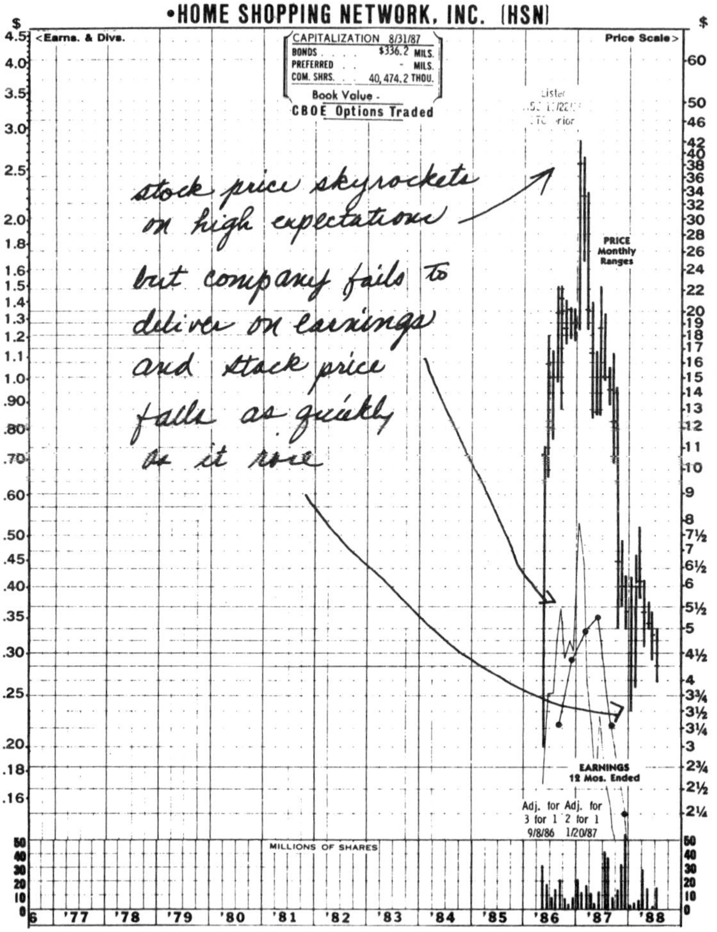

股價在高預期心理下向上狂飆，但公司的獲利無法達到預期，股價便大幅下挫。

附錄十一　美維爾和金斯可公司

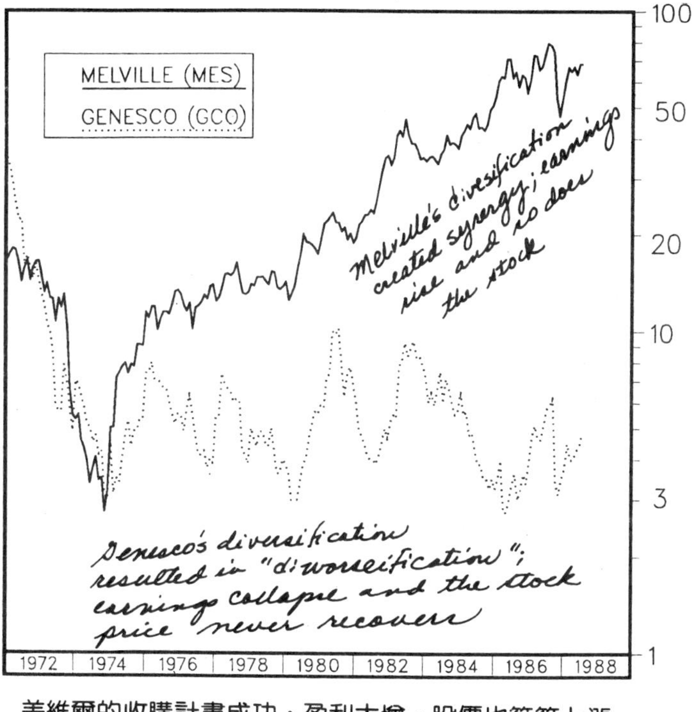

美維爾的收購計畫成功，盈利大增，股價也節節上漲。金斯可的收購計畫成了「惡化經營」，盈餘大跌，股價一直沒有起色。

附錄十二　道氏化學廠

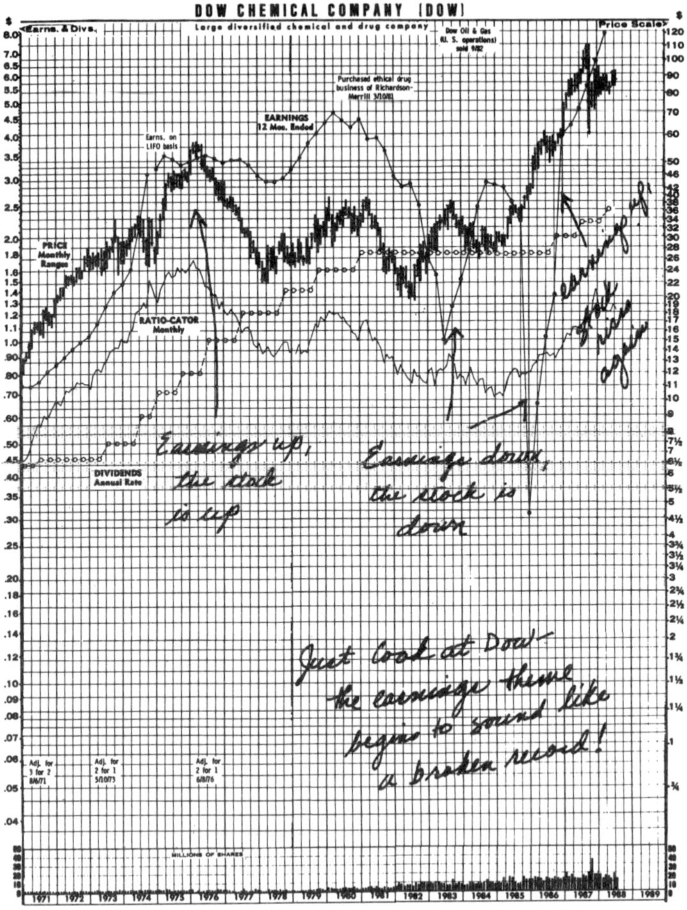
DOW CHEMICAL COMPANY (DOW)
Large diversified chemical and drug company
Earns. & Divs.
Price Scale
Dow Oil & Gas (U. S. operations) sold 9/82
Purchased ethical drug business of Richardson-Merrill 3/10/81
EARNINGS 12 Mos. Ended
Earns. on LIFO basis
PRICE Monthly Ranges
RATIO-CATOR Monthly
DIVIDENDS Annual Rate
Adj. for 3 for 2 8/6/71
Adj. for 2 for 1 5/10/73
Adj. for 2 for 1 6/8/76
MILLIONS OF SHARES
1971 1972 1973 1974 1975 1976 1977 1978 1979 1980 1981 1982 1983 1984 1985 1986 1987 1988 1989
Earnings up, the stock is up
Earnings down, the stock is down
earnings up! stock rises again
Just look at Dow— the earnings theme begins to sound like a broken record!

附錄十三

①馬利歐特

②修尼

③有限服飾

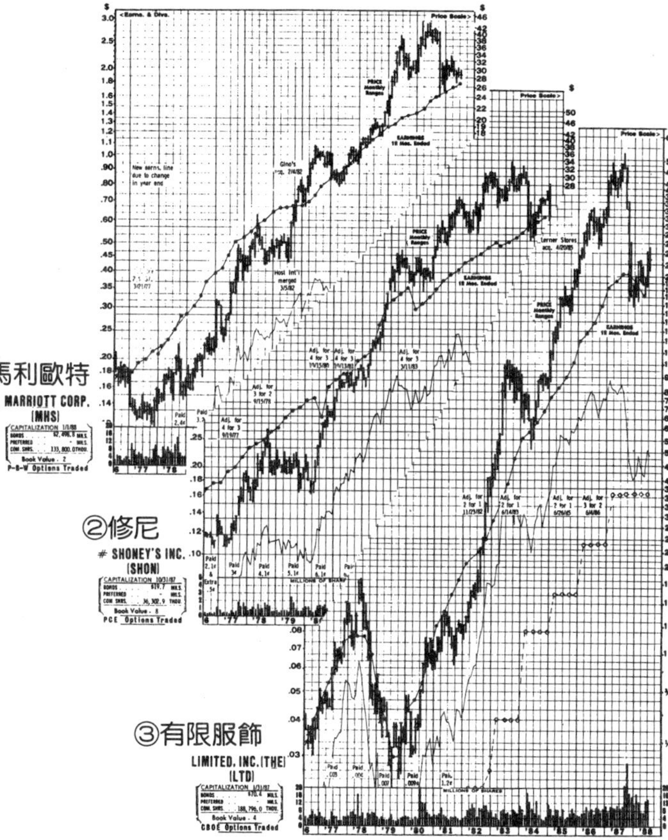

接著，股價在一年之內跌了 86%

附錄十四　雅芳公司

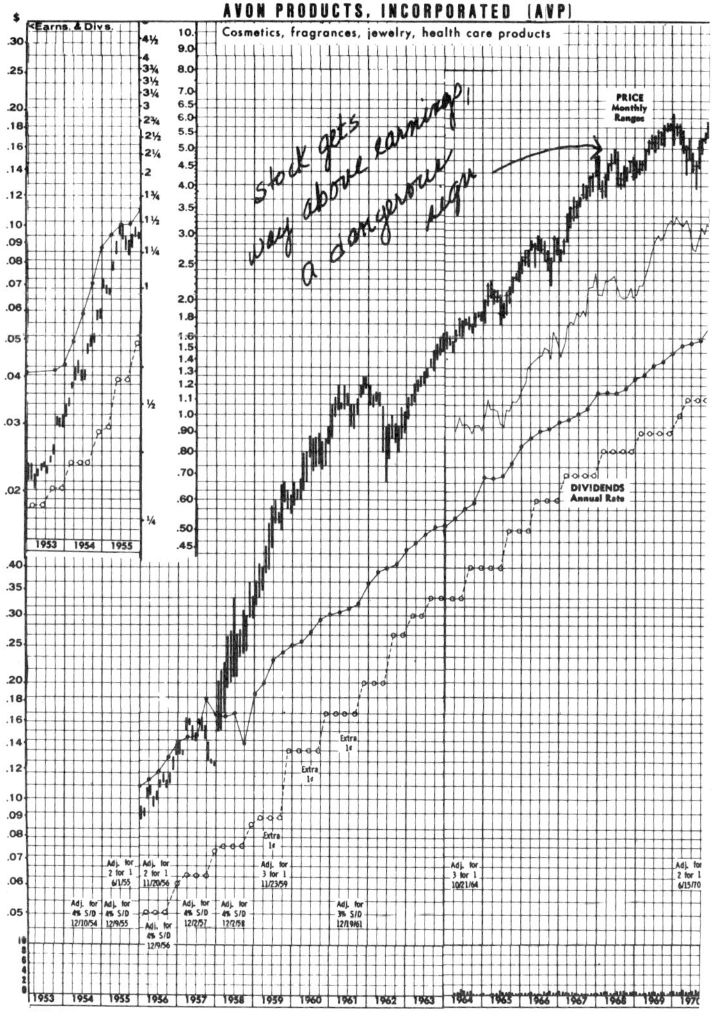

股價比盈餘高出許多，是個危險警訊

10-Year Financial Summary

(dollar amounts in millions)
Ford Motor Company and Consolidated Subsidiaries

Summary of Operations		1987	1986	1985	1984	1983	1982	1981	1980	1979	1978
Sales	$	71,643.4	62,715.8	52,774.4	52,366.4	44,454.6	37,067.2	38,247.1	37,085.5	43,513.7	42,784.1
Total costs		65,442.2	58,659.3	50,044.7	48,944.2	42,650.9	37,550.8	39,502.9	39,363.8	42,596.7	40,425.6
Operating income (loss)		6,201.2	4,056.5	2,729.7	3,422.2	1,803.7	(483.6)	(1,255.8)	(2,278.3)	917.0	2,358.5
Interest income		866.0	678.8	749.1	917.5	569.2	562.7	624.6	543.1	693.0	456.0
Interest expense		440.6	482.9	446.6	536.0	567.2	745.5	674.7	432.5	246.8	194.8
Equity in net income of unconsolidated subsidiaries and affiliates		753.4	816.9	598.1	479.1	360.6	258.5	167.8	187.0	146.2	159.0
Income (loss) before income taxes		7,380.0	5,069.3	3,630.3	4,282.8	2,166.3	(407.9)	(1,138.1)	(1,980.7)	1,509.4	2,778.7
Provision (credit) for income taxes		2,726.0	1,774.2	1,103.1	1,328.9	270.2	256.6	(68.3)	(435.4)	330.1	1,175.0
Minority interests		28.8	10.0	11.8	47.1	29.2	(6.7)	(9.7)	(2.0)	10.0	14.8
Net income (loss)		4,625.2	3,285.1	2,515.4	2,906.8	1,866.9	(657.8)	(1,060.1)	(1,543.3)	1,169.3	1,588.9
Cash dividends		805.0	591.2	442.7	369.1	90.9	—	144.4	312.7	467.6	416.6
Retained income (loss)	$	3,820.2	2,693.9	2,072.7	2,537.7	1,776.0	(657.8)	(1,204.5)	(1,856.0)	701.7	1,172.3
After-tax return on sales		6.5%	5.3%	4.8%	5.6%	4.3%	*	*	*	2.7%	3.7%
Stockholders' equity at year-end	$	18,492.7	14,859.5	12,268.6	9,837.7	7,545.3	6,077.5	7,362.2	8,567.5	10,420.7	9,686.3
Assets at year-end	$	44,955.7	37,933.0	31,603.6	27,485.6	23,868.9	21,961.7	23,021.4	24,347.6	23,524.6	22,101.4
Long-term debt at year-end	$	1,751.9	2,137.1	2,157.2	2,110.9	2,712.9	2,353.3	2,709.7	2,058.8	1,274.6	1,144.5
Average number of shares of capital stock outstanding (in millions)		511.0	533.1	553.6	552.4	544.2	541.8	541.2	541.2	539.8	535.6
Net income (loss) a share (in dollars)	$	9.05	6.16	4.54	5.26	3.43	(1.21)	(1.96)	(2.85)	2.17	2.97
Net income assuming full dilution	$	8.92	6.05	4.40	4.97	3.21	—	—	—	2.03	2.76
Cash dividends	$	1.58	1.11	0.80	0.67	0.17	0	0.27	0.58	0.87	0.78
Stockholders' equity at year-end	$	36.44	27.68	21.97	17.62	13.74	11.20	13.57	15.79	19.21	17.95
Common Stock price range (NYSE)	$	56⅜	31¾	19¾	17⅛	15½	9¼	5¾	8	10⅛	11½
	$	28½	18	13⅜	11	7⅜	3¾	3½	4	6½	8⅜
Facility and Tooling Data											
Capital expenditures for facilities (excluding special tools)	$	2,268.7	2,068.0	2,319.8	2,292.1	1,358.6	1,605.8	1,257.4	1,583.8	2,152.3	1,571.5
Depreciation	$	1,814.2	1,666.4	1,444.4	1,328.6	1,262.8	1,200.8	1,168.7	1,057.2	895.9	735.5
Expenditures for special tools	$	1,343.3	1,284.6	1,417.3	1,223.1	974.4	1,361.6	970.0	1,184.7	1,288.0	970.2
Amortization of special tools	$	1,353.2	1,293.2	948.4	979.2	1,029.3	955.6	1,010.7	912.1	708.5	578.2
Employee Data—Worldwide(1)											
Payroll	$	11,669.6	11,289.7	10,175.1	10,018.1	9,284.0	9,020.7	9,536.0	9,663.4	10,293.8	9,884.0
Total labor costs	$	16,567.1	15,610.4	14,033.4	13,802.9	12,558.3	11,957.0	12,428.5	12,598.1	13,386.3	12,631.7
Average number of employees		350,320	382,274	369,314	389,917	386,342	385,487	411,202	432,987	500,464	512,088
Employee Data—U.S. Operations(1)											
Payroll	$	7,761.6	7,703.6	7,212.9	6,875.3	6,024.6	5,489.3	5,641.3	5,370.0	6,368.4	6,674.2
Average number of employees		180,838	181,476	172,165	178,758	168,507	161,129	176,146	185,116	244,297	261,132
Average hourly labor costs(2)											
Earnings	$	16.50	16.12	15.70	15.06	13.93	13.38	12.75	11.45	10.35	9.73
Benefits		12.38	11.01	10.75	9.40	8.54	9.79	8.93	8.54	5.59	4.36
Total	$	28.88	27.13	26.45	24.46	22.47	23.17	21.68	19.99	15.94	14.09

Share data have been adjusted to reflect stock dividends and stock splits.
*1982, 1981, and 1980 results were a loss.
(1) Includes unconsolidated finance, insurance, and land subsidiaries.
(2) Per hour worked (in dollars). Excludes data for subsidiary companies.

附錄十五　資產負債表

Consolidated Balance Sheet

December 31, 1987 and 1986 (in millions)
Ford Motor Company and Consolidated Subsidiaries

Assets	1987	1986
Current Assets		
Cash and cash items	$ 5,672.9	$ 3,459.4
Marketable securities, at cost and accrued interest (approximates market)	4,424.1	5,093.7
Receivables (including $1,554.9 and $733.3 from unconsolidated subsidiaries)	4,401.6	3,487.8
Inventories (Note 1)	6,321.3	5,792.6
Other current assets (Note 4)	1,161.6	624.5
Total current assets	21,981.5	18,458.0
Equity in Net Assets of Unconsolidated Subsidiaries and Affiliates (Note 6)	7,573.9	5,088.4
Property		
Land, plant, and equipment, at cost (Note 7)	25,079.4	22,991.8
Less accumulated depreciation	14,567.4	13,187.2
Net land, plant, and equipment	10,512.0	9,804.6
Unamortized special tools	3,521.5	3,396.1
Net property	14,033.5	13,200.7
Other Assets (Note 10)	1,366.8	1,185.9
Total Assets	$44,955.7	$37,933.0
Liabilities and Stockholders' Equity		
Current Liabilities		
Accounts payable		
Trade	$ 6,564.0	$ 5,752.3
Other	2,624.1	2,546.1
Total accounts payable	9,188.1	8,298.4
Income taxes	647.6	737.5
Short-term debt	1,803.3	1,230.1
Long-term debt payable within one year	79.4	73.9
Accrued liabilities (Note 8)	6,075.0	5,285.7
Total current liabilities	17,793.4	15,625.6
Long-Term Debt (Note 9)	1,751.9	2,137.1
Other Liabilities (Note 8)	4,426.5	3,877.0
Deferred Income Taxes (Note 4)	2,354.7	1,328.1
Minority Interests in Net Assets of Consolidated Subsidiaries	136.5	105.7
Guarantees and Commitments (Note 14)	—	—
Stockholders' Equity		
Capital Stock (Notes 10 and 11)		
Preferred Stock, par value $1.00 a share	—	—
Common Stock, par value $1.00 and $2.00 a share, respectively (469.8 and 249.1 shares issued)	469.8	498.2
Class B Stock, par value $1.00 and $2.00 a share, respectively (37.7 and 19.3 shares issued)	37.7	38.6
Capital in excess of par value of stock	595.1	605.5
Foreign-currency translation adjustments (Note 1)	672.6	(450.0)
Earnings retained for use in business	16,717.5	14,167.2
Total stockholders' equity	18,492.7	14,859.5
Total Liabilities and Stockholders' Equity	$44,955.7	$37,933.0
Memo: Stockholders' Equity a Share*	$36.44	$27.68

The accompanying notes are part of the financial statements.

*Adjusted to reflect the two-for-one stock split that was effective December 10, 1987.

27

附錄十六　愛迪生公司

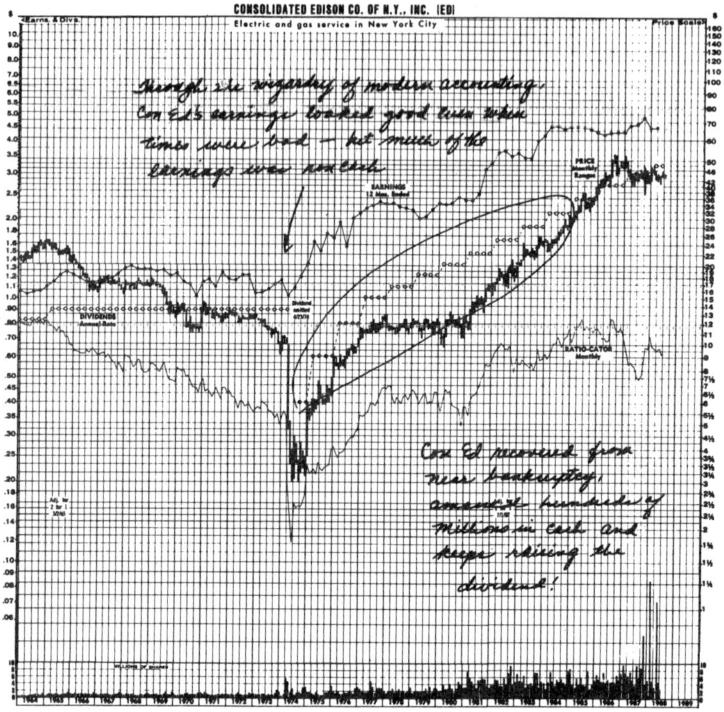
CONSOLIDATED EDISON CO. OF N.Y., INC. (ED)
Electric and gas service in New York City
Earns. & Divs.
Price Scale
Through the wizardry of modern accounting, Con Ed's earnings looked good even when times were bad — but much of the earnings was noncash
EARNINGS 12 Mos. Ended
PRICE Monthly Ranges
DIVIDENDS Annual Rate
RATIO-CATOR Monthly
Con Ed recovered from near bankruptcy, amassed hundreds of millions in cash and keeps raising the dividend!
MILLIONS OF SHARES

附錄十七

在股市暴跌時給你第二次買進好股票的機會

股市暴跌	高價	低價	1987 年最高價
1972-74			
Genuine Parts天才零件	$15	$ 4	$ 44 3/8
General Cinema通用電影	3 1/2	30 cents	31 3/4
Teledyne泰勒町	11	3	390
Abbott Labs艾布特研究室	5	1 7/8	67
Bristol-Myers必治妥	8	4	55
Cap Cities資本城	34	9	450
Heinz漢斯	5 3/4	3	51 3/4
McDonald's麥當勞	15	4	61 1/8
Philip Morris菲利浦莫理斯	17 1/2	8 1/2	124 1/2
Merck莫克	17	7	74 1/4
1976-78（表現不壞）			
GE奇異	15	11	66 3/8
Marriott馬瑞奧特	3 3/4	1 3/4	44 3/4
1981-82			
Gannett蓋尼特	15	10	56
John Harland約翰哈藍	6 1/2	4	30 3/4
1983-84			
Browning-Ferris布洛尼飛瑞士	12	6 1/2	36
The Limited有限服飾	10	5	53
Anhcuser-Busch安豪布許	12	9	40
NCR	34	22	87
Waste Management廢棄物處理	16	7	48

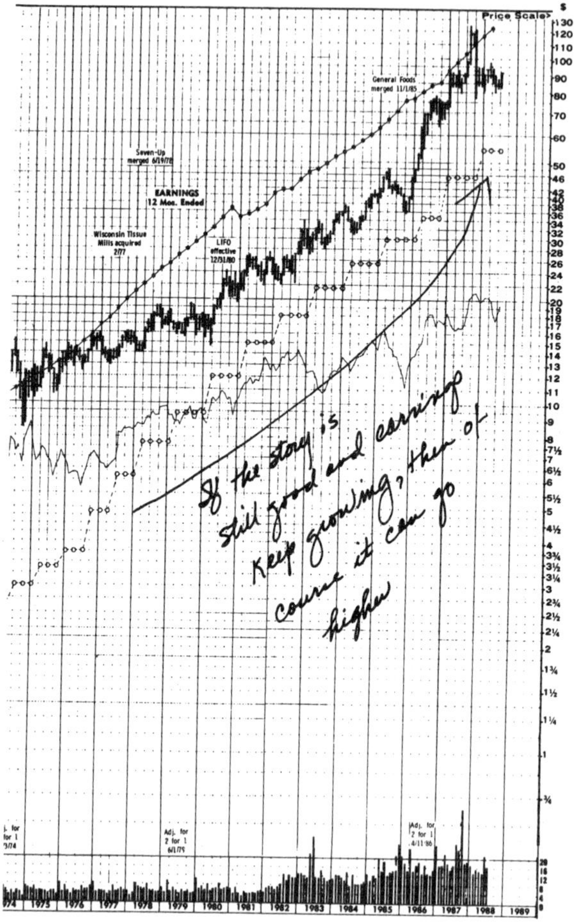
Price Scale
Seven-Up merged 6/19/78
EARNINGS 12 Mos. Ended
Wisconsin Tissue Mills acquired 2/77
LIFO effective 12/31/80
General Foods merged 11/1/85
Adj. for 2 for 1 6/1/79
Adj. for 2 for 1 4/11/86
1975 1976 1977 1978 1979 1980 1981 1982 1983 1984 1985 1986 1987 1988 1989
If the story is still good and earnings keep growing, then of course it can go higher

附錄十八　菲利浦・莫理斯公司

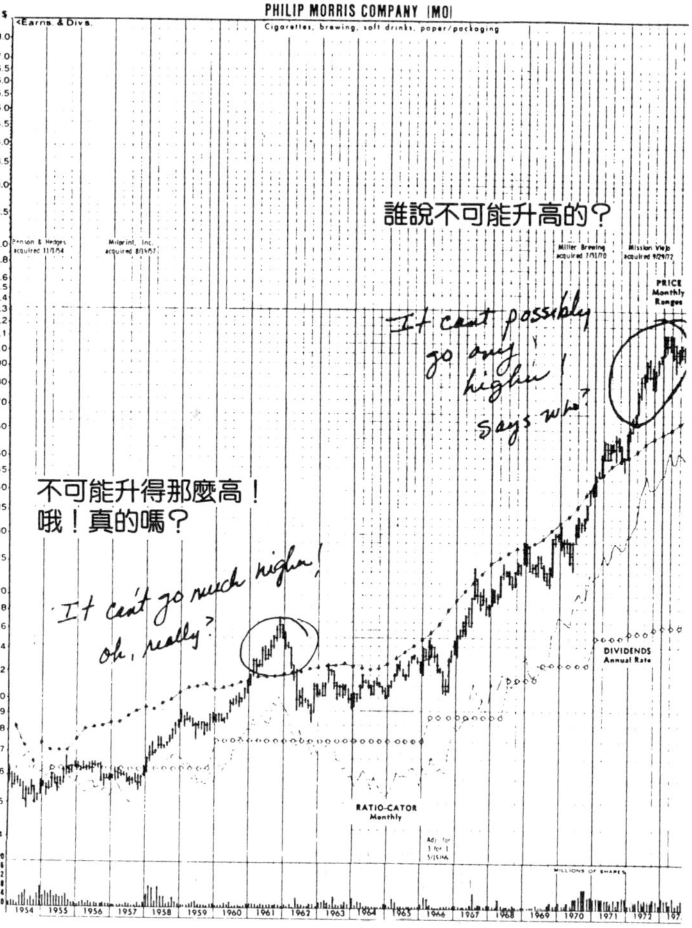

附錄十九　莫克公司

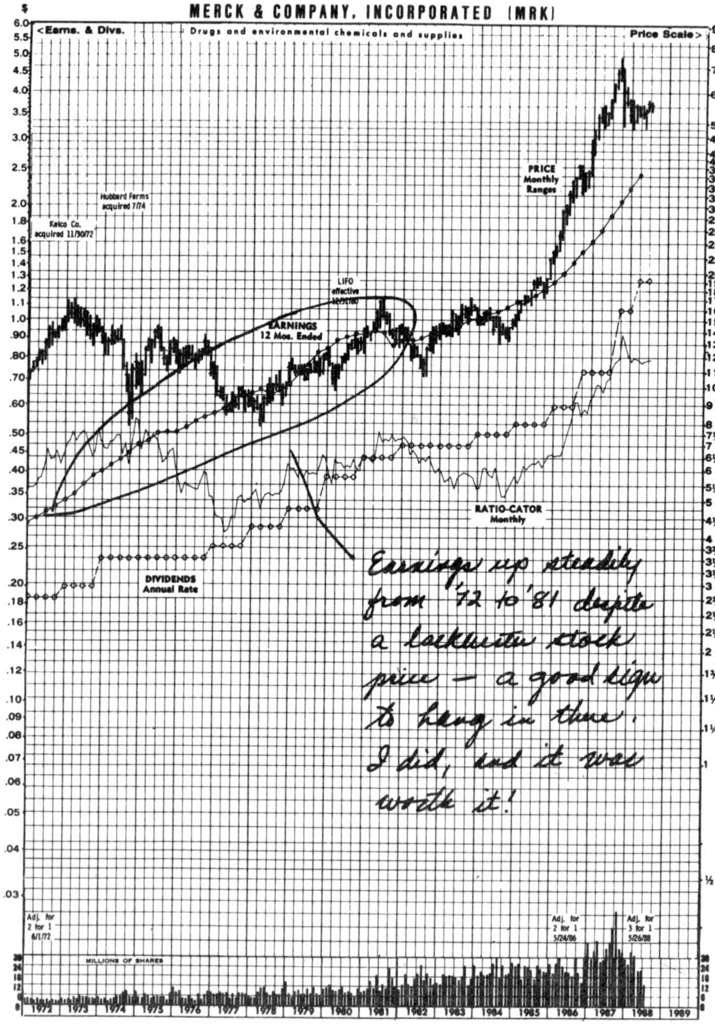

在一九七二年到八一年間盈餘穩定成長，股價却始終沒有起色，是個買入的訊號，於是我買了。

錢系列⑧

選股戰略

One up on Wall Street

原　　著／彼得・林區、約翰・羅斯查得
譯　　著／張立
發 行 人／孫懷德
社　　長／戴禮中
出版總監／陳照旗
主　　編／李玉珍
封面設計／黃聖文
出 版 者／金錢文化企業股份有限公司
地　　址／台北市敦化北路 102 號 12 樓
電　　話／2713-5388
郵政劃撥帳號／14697941　金錢文化企業股份有限公司
新聞局出版事業登記證／局版台業字第 6302 號

定　　價／360 元
初版日期／86 年 5 月 25 日
出版刷次／一版22刷
法律顧問／周憲文律師

ISBN：957-792-115-9
＊本書如有缺頁、破損、裝訂錯誤，請寄回本公司更換。

This edition published by arrangement
through Big Apple Tuttle-Mori Literary
Agency, Inc. with the original publisher.
Simon & Schuster, New York.

國家圖書出版品預行編目資料

選股戰略 / 彼得‧林區, 約翰‧羅斯查得原著；
張立譯. --初版. --臺北市：金錢文化,
民 86
面；　　公分. --(錢系列；11)
譯自：One up on Wall street：how to use what you already know to make money in the market
ISBN 957-792-115-9(平裝)

1.股票　2.投資

563.53　　86004511